智能化办公
讯飞星火AI使用方法与技巧
从入门到精通

李婕　高博◎编著

U0246362

北京大学出版社

PEKING UNIVERSITY PRESS

内 容 提 要

本书以国产AI领域的杰出代表——讯飞星火认知大模型为例，全面系统地阐述其基础知识、操作方法与技巧，以及相关的实例。

全书共分为12章，第1章为新手入门篇，为读者铺垫了讯飞星火认知大模型的基础知识；第2至第4章为基础操作篇，提供了讯飞星火的基础操作、对讯飞星火插件的探索以及讯飞星火指令集的详解；第5至第10章为应用实战篇，深入剖析了讯飞星火在办公自动化、编程辅助、创意绘画、专业设计、艺术摄影等多个维度的深度应用，并结合实际案例进行阐释；第11至第12章为进阶拓展篇，一方面介绍了更多整合讯飞星火技术的AI产品，另一方面着眼于讯飞星火与信息检索技术结合的前沿创新。

本书采用通俗易懂的语言和紧贴现实需求的案例，旨在为广大对人工智能兴趣浓厚的读者群体提供一本实用指南。无论您是刚踏入AI领域的新手，还是有着丰富经验的资深专业人士，阅读本书都将助您拓宽知识视野，激发创造灵感。

图书在版编目(CIP)数据

AI智能化办公：讯飞星火AI使用方法与技巧从入门到精通 / 李婕，高博编著. -- 北京：北京大学出版社，2025. 1. -- ISBN 978-7-301-35734-7

Ⅰ. TP317.1

中国国家版本馆CIP数据核字第2024KS6857号

书　　　　名	AI智能化办公：讯飞星火AI使用方法与技巧从入门到精通
	AI ZHINENGHUA BANGONG: XUNFEI XINGHUO AI SHIYONG FANGFA YU JIQIAO CONG RUMEN DAO JINGTONG
著作责任者	李　婕　高　博　编著
责 任 编 辑	刘　云　姜宝雪
标 准 书 号	ISBN 978-7-301-35734-7
出 版 发 行	北京大学出版社
地　　　　址	北京市海淀区成府路205号　100871
网　　　　址	http://www.pup.cn　　　新浪微博：@北京大学出版社
电 子 邮 箱	编辑部 pup7@pup.cn　　总编室 zpup@pup.cn
电　　　　话	邮购部 010-62752015　发行部 010-62750672　编辑部 010-62570390
印 刷 者	北京圣夫亚美印刷有限公司
经 销 者	新华书店
	787毫米×1092毫米　16开本　19.75印张　342千字
	2025年1月第1版　2025年1月第1次印刷
印　　　　数	1-4000册
定　　　　价	79.00元

前言

　　随着AI技术的不断成熟，AI工具已经成为现代社会不可或缺的一部分。在众多的AI工具中，讯飞星火认知大模型（以下简称"讯飞星火"）作为国产AI大模型的佼佼者，凭借其卓越的性能和领先的技术，赢得了广大用户的认可和信赖。

为什么写这本书

　　作为国内领先的语音识别和自然语言处理技术提供商，科大讯飞股份有限公司（以下简称"科大讯飞"）致力于推动人工智能技术的创新与应用，讯飞星火AI作为其明星产品，不仅在国内市场拥有巨大的影响力，更在国际舞台上展现出强大的竞争力。

　　讯飞星火通过先进的自然语言处理和深度学习技术，不仅能够理解和生成文本，还支持多模态交互，展现出强大的代码编写、数学计算、逻辑推理等能力，广泛应用于办公自动化、编程辅助、创意绘画、专业设计、艺术摄影等多个领域。

　　尽管讯飞星火功能强大，但目前国内关于如何系统地使用这一工具的资料仍然相对匮乏。为了帮助广大用户更好地理解和运用讯飞星火，我们策划并编写了这本书，旨在为读者提供全面了解讯飞星火的平台和深入学习的渠道，帮助读者掌握这一强大的AI工具，找到解决问题的捷径和方法，从而在日常工作和生活中提高效率。

本书的特点

　　本书的独特之处在于其简单实用、快速上手、逐步深入、案例翔实。我们从基础入手，逐步引导读者了解讯飞星火的知识体系和操作技巧，再深入介绍各应用场景的案例实战，确保读者能够在真实场景中理解并实践所学。本书有以下几个特点。

　　（1）零基础上手：本书采用通俗易懂的语言，深入浅出地讲解复杂的AI技术，确保读者即便没有深厚的技术背景也能够轻松理解。

（2）形式多样：本书除了文字描述，还通过图片、表格、代码等多种表达形式，帮助读者更好地理解和掌握内容。

（3）案例丰富：本书通过丰富的案例和详尽的操作步骤，引导读者轻松、快速地完成每项应用的学习和实践。

（4）实用导向：本书内容紧密结合实际应用，通过丰富的案例分析和操作指南，使读者能够快速将所学知识应用于实践。

（5）前沿知识：本书力争将最前沿的知识点和应用操作呈现给读者，确保读者掌握最新动态和应用技能。

（6）专家点拨：除了基础内容，每章附带的专家点拨提供了对当前内容的补充和知识拓展，为读者答疑解惑，让其少走弯路。

本书的内容安排

本书由凤凰高新教育倾力打造，汇集了丰富的实战经验和案例分析。我们相信，理论与实践的结合是掌握知识的关键。因此，本书不仅提供了清晰的讲解思路，还包含大量的实操技巧和案例，确保读者能够在学习后迅速上手，将所学知识应用于实际工作中。

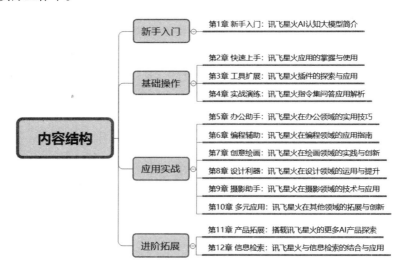

写给读者的学习建议

在阅读本书时，您可以按照以下建议进行学习，以获取最大的收益。

（1）从基础入手：读者可以从基础知识入手，对讯飞星火有一个全面的了解和认识，为后续的学习和实践打下坚实的理论基础。

（2）实操为主：讯飞星火的入门不难，读者可以通过本书的指导逐步掌握基础知识。然而，要在应用中取得显著成效，需要持续学习、充足练习和耐心重复。这意味着读者需要积极参与实际操作，从中积累经验并不断提升自己的技能。建议读者在案例应用章节中，按照书中的知识点和案例步骤，亲自动手实际操作，以真正掌握和积累经验并提升技能。

（3）多动手，多思考：使用AI工具最重要的是多动手、多思考。除了本书提供的案例，建议读者根据自己的工作或学习任务进行相应的操作，这样可能会带来意想不到的收获。即使一开始的效果可能不太理想，也不要着急，学习是一个不断摸索和进步的过程。随着学习的深入和操作的积累，您将对讯飞星火有更深入的理解。

（4）持续学习，不断提升：让学习成为持续的习惯，随着学习的深入和操作经验的积累，读者对讯飞星火AI的理解将不断深化。建议读者将所学内容融入实际工作中，不断深化对其原理和应用的理解。

学习资源下载

本书提供的学习资源如下。

（1）本书编程案例相关的源代码。

（2）相关提示词索引表。

（3）制作精美的PPT课件。

（4）《国内AI语言大模型简介与操作手册》电子书。

温馨提示： 以上资源请读者扫描左下方二维码，关注"博雅读书社"微信公众号，找到资源下载专区，输入本书第77页的资源下载码，根据提示获取资源。或扫描右下方二维码关注公众号，输入代码 XF240517，获取下载地址及密码。

创作者说

由于图书出版行业的特性，作者从写作到图书出版需要一定的时间周期。与此同时，讯飞星火的 AI 功能也在不断完善和优化中，因此，读者拿到本书学习时，可能会发现软件工具版本或许有些小差异，但不影响学习。读者学习时可以根据书中的思路、方法与应用经验举一反三、触类旁通，不必拘泥于软件的一些细微变化。

最后，感谢广大读者选择本书。讯飞星火作为一款强大的 AI 工具，在我们的工作和学习中可以充当有力的助手。然而，要真正驾驭 AI，需要不断深化对其原理和应用的理解，并将其融入我们的实际工作中。我们衷心希望读者能够从本书中获得宝贵的收获，成为 AI 时代的先行者。

本书由凤凰高新教育策划，并由李婕、高博两位老师执笔编写，他们具有丰富的 AI 行业实战应用经验和一线教学经验。由于计算机技术发展非常迅速，书中不足之处在所难免，欢迎广大读者及专家批评指正。

第1章

新手入门：讯飞星火 AI 认知大模型简介

本章导读

　　在人工智能技术迅速发展的今天，认知智能大模型备受瞩目，而讯飞星火作为国内AI产品的代表，它的问世则具有里程碑式的意义。本章将详细介绍讯飞星火认知大模型，展示其在人工智能领域的重要地位和影响力。通过简要回顾科大讯飞的发展历程，深入比较讯飞星火与其他同类产品的差异，并详细介绍其核心能力和不同版本，以帮助读者全面了解该AI认知大模型的强大功能和应用场景。通过学习本章内容，读者可以对讯飞星火有一个全面而深入的认识，帮助其在AI技术学习中迈出坚实的一步，并为后续深入学习奠定坚实的基础。

1.1 讯飞星火的历史和发展

　　讯飞星火的问世对AI领域产生了影响深远，不仅推动了自然语言处理和大型语言模型技术的创新，提升了国内AI技术水平，还推动了产业升级，促进了实体产业与AI的深度结合。这一创新激发了创业热情，提升了中国在国际AI领域的影响力，为国内科技创新生态系统注入了新的活力。以科大讯飞为代表的中国人工智能企业已经在引领技术的发展方面取得了显著成就。接下来，让我们深入了解科大讯飞的历史和发展。

1.1.1 科大讯飞的成立和发展历程

科大讯飞成立于1999年，总部位于安徽省合肥市，是亚太地区知名的智能语音和人工智能上市企业。公司主要从事智能语音、自然语言理解、计算机视觉等核心技术研究，并始终保持国际前沿技术水平。通过积极推动人工智能产品和行业应用落地，科大讯飞致力于让机器"能听会说，能理解会思考，用人工智能建设美好世界"。公司坚持源头核心技术创新，多次在国际评测中荣获佳绩，并获得了中国"国家科技进步奖"和"信息产业重大技术发明奖"。

科大讯飞坚持"平台+赛道"的发展战略，基于拥有自主知识产权的核心技术持续构建以科大讯飞为中心的人工智能产业生态。在平台基础上，科大讯飞持续拓展行业赛道，现已推出覆盖多个行业的智能产品及服务。科大讯飞的发展历程如表1-1所示。

表1-1　科大讯飞的发展历程

时间	发展历程介绍
2016 年	科大讯飞发布讯飞翻译机，开创智能消费新品类，获得消费市场的广泛认可
2018 年	科大讯飞机器翻译系统参加CATTI全国翻译专业资格（水平）科研测试，首次达到专业译员水平
2019 年	科大讯飞新一代语音翻译关键技术及系统获得世界人工智能大会最高荣誉SAIL（Super AI Leader，即"卓越人工智能引领者奖"）应用奖。2019年9月，成为北京2022年冬奥会和冬残奥会官方自动语音转换与翻译独家供应商。2019年10月，在教育部、国家语委的指导下，上线发布国家语委全球中文学习平台
2020 年	科大讯飞认知智能国家重点实验室团队获得中国青年最高勋章——"中国青年五四奖章"
2021 年	科大讯飞"语音识别方法及系统"发明专利荣获第二十二届中国专利金奖，这是国内知识产权领域的最高奖项
2022 年	科大讯飞入选2022年凯度BrandZ最具价值中国品牌100强排行榜，以41.61亿美元的品牌价值位列第53名
2023 年	科大讯飞发布新一代认知智能大模型——讯飞星火认知大模型，具备跨领域的知识和语言理解能力，能够基于自然对话方式理解与执行任务

科大讯飞在智能语音、人工智能核心研究和产业化方面的突出成绩得到了社会各界的广泛认可。以其深厚的技术积累和积极的创新精神，科大讯飞不仅在中

国的人工智能领域处于领先地位，而且在国际舞台上也展现了强大的实力和影响力。

1.1.2 讯飞星火的推出和更新历程

依托通用人工智能领域的持续深耕和系统性创新，科大讯飞于2023年5月6日正式发布"讯飞星火认知大模型"。作为以中文为核心的新一代认知智能大模型，讯飞星火在多领域、多任务上展现出类似人类的卓越能力，能够基于自然语言对话方式实现对用户需求的理解与任务的执行。讯飞星火的首次亮相标志着科大讯飞在人工智能领域取得了重大突破，为中国人工智能技术的发展和国际竞争力的提升做出了积极贡献。

根据2023年新华社研究院中国企业发展研究中心发布的《人工智能大模型体验报告2.0》，讯飞星火在国产主流大模型测评中位居首位。同年，在《麻省理工科技评论》中国发布的大模型评测报告中，讯飞星火更被评为国产大模型中"最聪明"的一款。在首日开放时，讯飞星火仅用14小时用户数就突破100万，并迅速登上 App Store 免费下载量总排行榜第一。

随后，讯飞星火进行了多次升级，重点加强了在语言理解、知识问答、逻辑推理、数学能力、代码能力等方面的提升。版本发布及升级情况如表1-2所示。

表1-2 版本发布及升级情况

时间	版本号	版本特点
2023年5月6日	正式发布	这是一款新一代认知智能大模型，具备跨领域知识和语理解能力。能够基于自然对话方式理解与执行任务，包括多模态交互、代码能力、文本生成、语言理解、知识问答、逻辑推理、数学能力等多项能力
2023年6月9日	V1.5	在这次更新中，开放式知识问答、逻辑推理、数学能力及多轮对话等能力得到了升级，受到用户持续好评，为行业与企业提质增效带来了积极影响
2023年8月15日	V2.0	这次更新主要涉及代码和多模态能力的提升。代码能力与多模态能力重磅发布，通用人工智能能力持续升级，为开发者生态构建起通用人工智能的新生态
2023年10月24日	V3.0	实现了对标ChatGPT 3.5的目标，其中，中文能力超越了ChatGPT 3.5，英文能力相当。V3.0在文本生成、语言理解、知识问答、逻辑推理、数学能力、代码能力及多模态能力方面都有了持续的提升

续表

时间	版本号	版本特点	
2023 年 10 月 28 日	/	科大讯飞董事长刘庆峰宣布进一步的目标，表示讯飞星火在 2024 年上半年要对标 ChatGPT 4.0	
2023 年 11 月	/	讯飞星火正式向全民开放。用户可以在主流应用商店搜索"讯飞星火"安装 App 或登录讯飞星火官网注册使用	

科大讯飞在不断地技术创新和合作伙伴的支持下，不仅强调自主研发，还积极与华为等公司合作，共同推动国产大模型的发展。

1.2 讯飞星火与 ChatGPT 等同类产品区别

提到认知智能大模型，大家必然会想到 ChatGPT。ChatGPT 是由 OpenAI 开发的预训练语言模型，它在自然语言处理领域取得了巨大的成功。下面我们来了解讯飞星火与 ChatGPT 等同类产品的区别。

1.2.1 ChatGPT 引领 AI 热潮

ChatGPT 是一款由 OpenAI 开发的自然语言处理模型，它通过学习海量的文本数据，能够生成高质量、富有逻辑的语言文本，为人机交互提供更加智能化的服务。目前，ChatGPT 已经成为全球最受欢迎的 AI 应用之一，其通用性和多领域应用使其在全球范围内受到广泛关注，引领着人工智能领域的新一波热潮。

1.2.2 讯飞星火与 ChatGPT 异同

讯飞星火和 ChatGPT 都是自然语言处理技术的重要应用，但两者在技术实现、应用场景及性能表现等方面存在一定的差异，具体如下。

（1）开发机构和语言环境：讯飞星火由科大讯飞开发，专注于中文语境，是一款为中文用户提供服务的认知智能大模型。ChatGPT 由 OpenAI 开发，主要服务英文用户，是一个通用的英文语言模型。

（2）技术实现：讯飞星火基于深度学习框架实现，使用分层的注意力机制和端到端的训练方法；而 ChatGPT 则基于转化器模型实现，使用自回归的方式生成文本。

（3）预训练方式：讯飞星火使用了大规模的中文预训练模型来提高模型的性能；而 ChatGPT 则是在英文数据集上进行预训练的。

（4）应用场景：讯飞星火主要用于智能客服、智能问答等场景，具有较强的实时性和交互性；而 ChatGPT 则更多地被用于文本生成、机器翻译等领域，具有较强的文本生成能力和语言理解能力。

（5）性能表现：根据一些公开的测试结果，ChatGPT 在语言理解和文本生成方面的表现更加出色，而讯飞星火则在中文语境下的表现更加出色。

总体来说，这两个模型在一些方面有相似之处，都是在通用人工智能领域取得显著成就的大型预训练模型。然而，它们的侧重点不同，分别服务于不同语言环境和文化背景的用户，同时在应用领域和技术细节上也有一些差异。选择使用哪个模型应该根据具体的应用需求和语言环境来决定。

1.2.3 讯飞星火与其他同类产品区别

讯飞星火与其他同类产品的区别主要体现在以下几个方面。

（1）中文语境下的表现更出色：讯飞星火是针对中文语言特点进行优化的，因此在中文语境下的表现更出色。相比之下，其他同类产品在处理中文文本时可能会出现一些误差或不准确的情况。

（2）端到端的训练方法：讯飞星火使用端到端的训练方法，将整个模型视为一个整体进行训练，避免了传统模型中烦琐的特征工程过程。相比之下，其他同类产品可能需要手动设计特征或使用传统的机器学习方法进行训练。

（3）多任务学习的能力：讯飞星火采用多任务学习的方法，同时考虑了多种自然语言处理任务的特点。例如，在智能客服场景下，讯飞星火需要同时处理用户的问题和系统的回答，因此需要将问题理解和回答生成两个任务结合起来进行训练。相比之下，其他同类产品可能仅针对单一任务进行优化。

（4）大规模预训练模型的支持：讯飞星火使用大规模的预训练模型来提高模型的性能。这些预训练模型通常是在中文数据集上进行训练得到的，可以用于多种自然语言处理任务。相比之下，其他同类产品可能没有使用大规模的预训练模型或者使用的预训练模型的规模较小。

（5）持续升级与优化：讯飞星火通过多次升级，不断加强其在各方面的能力，包括模型的语言理解、知识问答、逻辑推理、数学和代码能力，以保持技术的领先性和适应性。

这些特点使讯飞星火在中文语境和多领域应用中具备竞争优势，能够为用户提供更全面、高效的认知智能服务。

1.3 讯飞星火七大核心能力

讯飞星火具备多模交互能力、代码能力、文本生成能力、数学能力、语言理解能力、知识问答能力、逻辑推理能力。接下来，我们将深入了解这些强大的能力。

1.3.1 多模交互能力

讯飞星火能够通过语音、文字、图像等多种方式与人进行交互。在语音交互方面，它具备语音识别、语音合成等功能；在文字交互方面，它具备文本输入和文本理解等功能；在图像交互方面，它具备图像识别、图像搜索等功能。

1.3.2 代码能力

讯飞星火具备编写和运行代码的能力，可以进行自动化处理和数据分析。它支持多种编程语言，如 Python、Java 等，并提供了丰富的 API 和 SDK，方便开发者进行二次开发和集成。

1.3.3 文本生成能力

讯飞星火能够自动生成符合语法和逻辑规则的文本内容，如文章、报告等。它使用自然语言处理技术，能够分析语义和上下文，并进行合理的组织和表达。

1.3.4 数学能力

讯飞星火具备数学计算和推理能力，可以进行复杂的数学运算和模型建立。它支持多种数学公式和符号，如代数、微积分、概率论等，并能够进行数值计算和图形展示。

1.3.5 语言理解能力

讯飞星火能够理解和分析人类语言的含义和上下文，并进行相应的回应或操作。它使用自然语言处理技术，能够识别关键词、短语和句子结构，并进行语义分析和意图识别。

1.3.6　知识问答能力

讯飞星火能够回答多个领域的问题，包括常识性问题、专业性问题等。它运用知识图谱和语义网络技术，能够从海量的知识库中提取相关信息，并进行推理和归纳。

1.3.7　逻辑推理能力

讯飞星火具备逻辑思维和推理能力，可以进行推断、归纳、演绎等思维过程。它运用逻辑学和人工智能技术，能够分析命题之间的关系，并进行合理的推导和证明。

1.4　讯飞星火知识图谱

通过讯飞星火知识图谱，用户可以全面了解科大讯飞在人工智能领域的发展历程、核心技术及在各个应用场景中的表现和合作伙伴关系，进一步认识科大讯飞在行业中的地位和影响力。

1.4.1　公司基本信息

科大讯飞成立于1999年，是亚太地区知名的智能语音和人工智能上市企业。自成立以来，公司一直从事智能语音、自然语言理解、计算机视觉等核心技术研究，并保持了国际前沿技术水平。公司积极推动人工智能产品和行业应用落地，致力于让机器"能听会说，能理解会思考，用人工智能建设美好世界"。2008年，公司在深圳证券交易所挂牌上市（股票代码：002230），公司 Logo 如图 1-1 所示。

图 1-1　公司 Logo

1.4.2　产品和服务

科大讯飞的业务分为四大类：信息工程、行业应用、开放平台和智能硬件。在产品和服务方面，科大讯飞推出了很多具体的产品，包括讯飞输入法、讯飞翻译机、讯飞开放平台、讯飞 AI 学习机、讯飞听见、讯飞智能办公本等。

其中，讯飞输入法是一款基于语音识别技术的输入法；讯飞翻译机是一款智能语音翻译设备；讯飞开放平台是提供语音识别、语音合成、自然语言处理等人工智能技术的开发接口；讯飞 AI 学习机是一款智能教育产品；讯飞听见是一款在线音频播放软件；讯飞智能办公本是一款智能办公设备。

1.4.3 技术特点

科大讯飞专注于智能语音和人工智能的研发，尤其是语音识别和语音合成等核心技术。科大讯飞始终坚持"中文语音技术要由中国人做到全球最好"的信念，在国际语音合成大赛中多次取得国际第一的成绩。

此外，科大讯飞在人工智能领域的主要项目包括国家人工智能 863 计划（类人答题机器人，也叫高考机器人）。科大讯飞的发展方向是人工智能，包括接收外界信息（如语音识别和图像识别）、处理信息（如云计算）及对信息做出反馈（如声光电等物理信号输出）。科大讯飞的技术发展导向得到了国家的认同，并在早期就已经确立了国内 AI 龙头的位置。

1.4.4 应用场景

科大讯飞的产品应用场景非常广泛，主要集中在消费、教育、智慧城市、司法、汽车和智慧医疗等领域。自 2015 年以来，科大讯飞开始探索人工智能应用的落地场景，并努力推动该技术的商业化进程。为此，科大讯飞在业界发布了以智能语音和人机交互为核心的 AI 开放平台——讯飞开放平台。该平台致力于为全行业用户及开发者提供 AI 能力和应用场景解决方案，构建持续闭环迭代的生态体系。

科大讯飞的产品与服务覆盖了多个垂直行业，并在这些行业中打造了品类多样的优势产品。例如，在教育领域，科大讯飞推出了基于语音识别和语音合成技术的智能教育产品；在智慧城市领域，科大讯飞提供了基于人脸识别和语音识别技术的智能安防解决方案；在智慧医疗领域，科大讯飞研发了基于语音识别和自然语言处理技术的智能医疗助手等。

此外，科大讯飞不断进行"算法+数据"的迭代，扩大应用规模，以实现 AI 技术的规模化落地。同时，围绕"1+N"大模型体系，科大讯飞首发四大类应用产品，不仅在核心技术方面达到了领先水平，而且在多个垂直应用领域也建立了坚实的基础。

1.4.5　合作伙伴

科大讯飞的合作伙伴遍布多个行业。2017年，科大讯飞与全志科技签订了战略合作协议，双方在车联网硬件平台、语音识别、语音测试等领域展开了全面合作，并建立了联合实验室，进行人工智能深度学习领域的研究。

此外，京东集团也是科大讯飞的合作伙伴。双方于2022年11月签订了战略合作协议，计划在数字城市和数字经济、云服务、零售消费者业务、智慧物流、企业及员工服务等领域展开深入探讨与合作，共同构建全面、可持续的战略合作伙伴关系。

科大讯飞还与奇瑞控股集团进行了深度合作。2021年5月，双方签署了全面深化战略合作框架协议，计划在汽车智能座舱、智能音效、智能销服、国际多语种、智能驾驶、工业智能及企业数字化等七大领域进行全面深化的合作。

科大讯飞不仅在国内拥有众多合作伙伴，而且在国际市场上也建立了合作关系。例如，科大讯飞与俄罗斯搜索引擎公司Yandex签署了战略合作协议，双方将在语音识别、机器翻译、自然语言处理等领域展开深入合作。这些合作伙伴关系充分展示了科大讯飞在人工智能领域的技术实力和市场影响力。

1.4.6　行业地位

科大讯飞是亚太地区知名的智能语音和人工智能上市企业。在智能语音、自然语言理解、计算机视觉等核心技术研究方面一直保持国际前沿技术水平，并积极推动人工智能产品和行业应用落地。科大讯飞的长期愿景是成为语音产业领导者和人工智能产业先行者，实现百亿收入、千亿市值；中期愿景是成为中国人工智能产业领导者和产业生态构建者，联接十亿用户。

科大讯飞在智能语音领域的市场地位已经得到了业界的广泛认可。据报道，它在中国AI语音语义市场份额排名中位居第一，占据了60%的市场份额。这些数据充分展示了科大讯飞在智能语音领域的领先地位。

1.5　讯飞星火版本

讯飞星火是一款功能强大的语音交互应用，提供了多种版本以满足不同用户的需求。无论是在桌面端、iOS端、Android端，还是通过小程序和H5网页，讯飞星火都能为用户提供便捷的语音输入、语音识别和语音合成等功能，同时支持"跨设备历史记录同步"。

1.5.1　SparkDesk

SparkDesk是讯飞星火的桌面端应用，提供了语音输入、语音识别、语音合成等功能。用户可以通过麦克风进行语音输入，将语音转换为文字，并进行编辑和保存。同时，SparkDesk还支持将文字转换为语音输出，方便用户进行朗读和分享。SparkDesk界面如图1-2所示。

图 1-2　SparkDesk 界面

1.5.2　讯飞星火 iOS 端

讯飞星火 iOS 端是讯飞星火在苹果设备上的应用，提供了与桌面端相似的功能。用户可以在 iPhone 或 iPad 上使用讯飞星火进行语音输入、语音识别和语音合成等操作。讯飞星火 iOS 端界面如图1-3所示。

1.5.3　讯飞星火 Android 端

讯飞星火 Android 端是讯飞星火在安卓设备上的应用，同样提供了语音输入、语音识别和语音合成等功能。用户可以在安卓手机上使用讯飞星火进行语音交互和文本处理。讯飞星火界 Android 端界面如图1-4所示。

图 1-3　讯飞星火 iOS 端界面　　　　图 1-4　讯飞星火 Android 端界面

1.5.4　讯飞星火小程序

讯飞星火小程序是一种轻量级的应用程序，可以在微信、支付宝等平台上使用。用户可以通过小程序进行语音输入、语音识别和语音合成等操作，无须下载安装额外的应用。讯飞星火小程序界面如图 1-5 所示。

1.5.5　讯飞星火 H5

讯飞星火 H5 是指基于 HTML5 技术开发的在线应用，可以在浏览器中直接运行，无须下载或安装任何软件。讯飞星火 H5 可以在不同的操作系统和设备上运行，具有较高的兼容性和可移植性。

图 1-5　讯飞星火小程序界面

1.6 讯飞星火 C 端产品

讯飞星火 C 端产品是一系列为满足不同用户需求而设计的智能工具。无论是商务人士、学生，还是音乐爱好者，都可以从中找到适合自己的产品。其中，办公本、学习机、录音笔和听见 M2 麦克风等都是讯飞星火在语音交互领域的创新成果，它们为用户提供了便捷高效的语音输入、语音识别和语音合成功能。这些产品的推出可以进一步丰富用户的数字生活体验，并推动语音交互技术的发展。

1.6.1　办公本

办公本是讯飞星火推出的一款专为商务人士设计的智能笔记本。它集成了语音输入、语音识别和语音合成等功能，可以帮助用户快速记录会议笔记、撰写文档等。办公本还支持手写输入和多种手势操作，为用户提供了便捷的编辑和分享功能，讯飞办公本如图 1-6 所示。

1.6.2　学习机

学习机是讯飞星火为学生群体设计的一款智能学习工具。它具备语音输入、语音识别和语音合成等功能，可以帮助学生进行听力训练、口语练习和作文批改等。学习机还提供了丰富的学习资源和题库，帮助学生提高学习效率，讯飞学习机如图 1-7 所示。

图 1-6　讯飞办公本

图 1-7　讯飞学习机

1.6.3　录音笔

录音笔是讯飞星火推出的一款便携式录音设备。它具备高音质录音和噪声抑制功能，可以用于会议记录、讲座听讲等场景。录音笔还支持语音识别和语音转写功能，可以将录音内容转换为文字并进行编辑和保存，讯飞录音笔如图 1-8 所示。

1.6.4　听见 M2 麦克风

　　听见 M2 麦克风是讯飞星火推出的一款专业级麦克风设备。它采用多项音频技术，可以实现高保真录音和降噪处理。听见 M2 麦克风适用于音乐录制、演讲等需要高质量音频输入的场景。它还支持与讯飞星火应用的无缝连接，实现语音输入和语音识别功能，讯飞听见 M2 麦克风如图 1-9 所示。

图 1-8　讯飞录音笔　　　　　图 1-9　讯飞听见 M2 麦克风

专家点拨

技巧 01：认识讯飞开放平台

　　讯飞开放平台是全球首个开放的智能交互技术服务平台，致力于为开发者提供一站式智能人机交互解决方案。该平台以语音交互为核心，提供"听、说、读、写"等全方位的人工智能服务。用户只需通过互联网、移动互联网，即可在任何设备、任何时间、任何地点享受讯飞开放平台提供的服务。此外，讯飞开放平台还向开发者免费提供语音能力增强型 SDK、一站式人机智能语音交互解决方案以及专业全面的移动应用分析。

技巧 02：科大讯飞有哪些拳头产品

科大讯飞的拳头产品种类众多，包括智能录音笔、输入法和学习机等。在商务办公领域，讯飞智能录音笔是其杰出代表。据了解，讯飞智能录音笔 SR 系列已经在全球 128 个国家、739 座城市得到广泛应用，覆盖媒体、商务、教育、律政等多个领域。具有识别准、录得远、录得精、语种全等优势，打破了传统录音笔"只能录"的局限，可以一站式满足录音、输出、转写、储存等多种需求。

此外，讯飞输入法也是科大讯飞的重要产品。通过与 iFLYOS 的合作，讯飞输入法正逐步被打造成实时响应的语音助手，从而提供更为便捷的输入方式。同时，科大讯飞还打造了全系 AI 产品，覆盖录音笔、办公本、扫描词典笔、彩色电子阅读器等多个品类。

在教育领域，讯飞学习机则是重点产品。以讯飞学习机 X1 Pro 和 X2 Pro 为例，这两款产品具有强大的个性化习题推荐功能，大大提高了学生的学习效率。总的来说，科大讯飞的产品线丰富多样，旨在满足不同用户的需求，提供更高效、便捷的服务。

本章小结

在本章中，我们介绍了科大讯飞及其引领智能语音领域的旗舰产品讯飞星火，详细探讨了讯飞星火的发展历程、与同类产品的差异、七大核心能力、知识图谱和 C 端产品等多方面的内容。通过本章的学习，读者将能够全面了解讯飞星火的核心特性、技术优势及在多个领域的应用情况，为后续章节的学习奠定基础。

第2章

快速上手：讯飞星火应用的掌握与使用

本章导读

　　本章旨在为读者提供一个快速上手的指南，让读者能够熟练掌握讯飞星火应用的基本操作和设置。通过详细介绍注册与登录流程，以及基本设置和星火友伴功能，我们将带领读者逐步了解讯飞星火应用的操作方法。通过学习本章内容，读者将能够迅速掌握讯飞星火应用的基本操作，为后续的高效使用奠定坚实的基础，从而开启智能化办公和生活的新篇章。

2.1 注册与登录

　　要使用讯飞星火，需要先获取一个账号。接下来，我们就以讯飞星火 SparkDesk 为例，指导读者完成账号注册与登录的操作，快速进入讯飞星火的丰富世界。讯飞星火提供了两种账号登录的方式，读者可以根据个人偏好进行选择。针对两种账号登录方法，我们将分别进行演示和操作。

2.1.1 手机快捷登录

　　手机快捷登录方式不需要预先进行账号注册，每次使用手机号及该手机号接收到的验证码即可完成账号登录。接下来，我们使用手机快捷登录的方式来进行操作。

第1步 ▶ 访问讯飞星火官网，单击"立即使用"按钮，如图2-1所示。

图 2-1　点击"立即使用"按钮

第2步 ▶ 在页面右边"手机快捷登录"选项卡中，输入手机号，请确保输入的手机号码是正确的，以便接收验证码，如图2-2所示。

图 2-2　输入手机号

第3步 ▶ 单击"获取验证码"按钮，此时，页面弹出拼图验证对话框，如图2-3所示，拖动滑块完成拼图，随后，将会收到一条包含验证码的短信。请注意，验证码通常在限定的短时期内有效，过期后需要重新获取。

第4步 ▶ 在"验证码"框中输入手机收到的验证码，同时选中"未注册的手机号将自动注册。选中即代表同意并接受服务协议与隐私政策"复选框，然后单击"登录"按钮，如图2-4所示。

图 2-3 拼图验证对话框 图 2-4 填入验证码并选中复选框

第5步 此时，界面右上角显示头像标识，表示已完成了账号登录的操作，如图 2-5 所示。

图 2-5 完成登录

第6步 再次单击"立即使用"按钮，进入讯飞星火操作界面，如图 2-6 所示，用户可以根据需求进行操作。

图 2-6 操作界面

2.1.2 账号密码登录

接下来，我们介绍使用账号密码的方式进行注册和登录。在账号注册完成后，每次只需输入账号和密码即可登录。

第1步 ▶ 访问讯飞星火官网，单击"立即使用"按钮，如图2-7所示。

图2-7　单击"立即使用"按钮

第2步 ▶ 选择"账号密码登录"选项卡，然后，单击下方的"注册账号"按钮，如图2-8所示。

第3步 ▶ 注册方式有两种，系统默认选择"手机号注册"，即将手机号设置为登录账号，按照界面提示，依次输入手机号、验证码，并设置登录密码（密码规则为数字+字母的组合，密码长度需控制在6～20个字符的范围），同时选中下方的相关协议复选框，表示阅读并接受相关协议，最后，单击"注册"按钮，账号注册完成，如图2-9所示。

图2-8　单击"注册账号"按钮 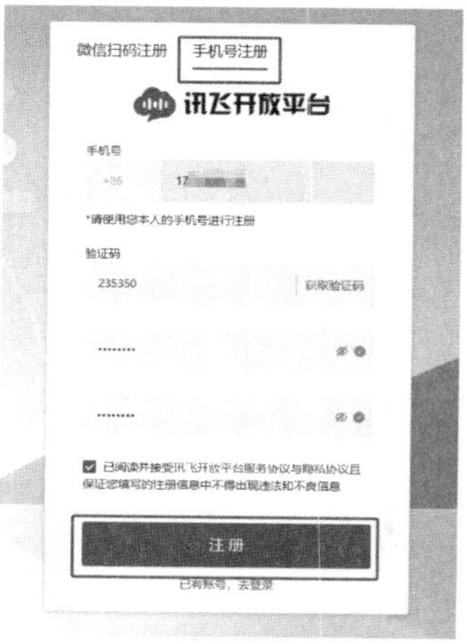　　　　图2-9　手机号注册

第4步 ▶ 还可以返回注册页面，选择"微信扫码注册"选项卡，使用手机微信扫描页面上的二维码，如图2-10所示。

第5步 ▶ 微信扫码完成后，在手机界面单击"关注公众号"按钮，如图2-11所示。

图2-10　微信扫码注册

图2-11　单击"关注公众号"按钮

第6步 ▶ 此时，网页跳转到讯飞星火操作界面，表示微信扫码注册及登录成功，如图2-12所示。

图2-12　注册及登录完成

！**注意**：在PC端成功注册后，用户可以直接使用该账号登录讯飞星火App。

2.2 基本设置

接下来，我们将了解讯飞星火的基本设置。通过各种设置，用户可以实现定制化软件以满足特定需求和偏好。

2.2.1　界面布局

让我们先来熟悉界面布局，讯飞星火的界面布局直观且简洁，旨在提高用户的工作效率并带来更好的使用体验。讯飞星火界面布局大致分为三个区域，即列表区、推荐区和对话区，如图2-13所示。

图 2-13　界面布局

在讯飞星火的使用界面中，"列表区"用于展示历史对话的主题列表，便于用户快速查看以往的对话记录。当用户切换选项卡时，界面会随之切换至助手列表，显示用户已添加的助手。"推荐区"用于展示推荐使用的助手、友伴及工具等。"对话区"是最常用的部分，用户对讯飞星火的提问及讯飞星火的回复都会以清晰的方式呈现在这个区域内，这样的设计使用户与机器人的实时对话始终保持在一个易于访问和查看的区域内。

2.2.2　主题设置

讯飞星火提供了两种主题界面供用户选择。在默认情况下，呈现的是沉浸主题界面，如图2-14所示。

图 2-14　沉浸主题界面

用户还可以通过单击界面左下方的"纯净"按钮切换到纯净主题界面，如图 2-15 所示。

图 2-15　纯净主题界面

同样地，单击"沉浸"按钮，用户可以切换回沉浸主题界面。这样，用户可以根据自己的喜好选择合适的界面风格。

2.2.3　发音人设置

讯飞星火与用户的对话，除了支持文字输入，还提供了语音输入，极大地方便了用户。在输出方面，不仅支持常规的文字输出，还支持语音输出功能。接下来，我们分别介绍如何在 PC 端和移动端进行发音人设置。

1. PC 端设置方法

下面，我们介绍如何在 PC 端进行发音人设置。

第1步 ▶ 单击页面右上角的三条横线处，然后，在显示菜单中单击"发音人"按钮，如图 2-16 所示。

第2步 ▶ 在弹出的菜单中，有 6 个"中文"发音人可供选择，单击"试听"按钮，进行试听，选择自己喜欢的设置为中文发音人，如图 2-17 所示。

图 2-16　单击"发音人"按钮

第3步 ▶ 用同样的方法，试听后，在 2 个"英文"发音人中选择 1 个设置为英文发音人，如图 2-18 所示。

图 2-17　选择中文发音人

图 2-18　选择英文发音人

第4步 ▶ 进行语速调节，有 3 种语速可以选择，即"慢速""默认""快速"，单击对应语速的圆点，选中想要的语速即可，如图 2-19 所示。

第5步 ▶ 对背景音乐进行设置，单击"背景音乐"右边的开关按钮，可以打开或关闭背景音乐。打开背景音乐，单击"请选择背景音乐"右边的按钮 ∨，可以对音乐曲目进行选择，如图 2-20 所示。

图 2-19　调节语速

图 2-20　设置背景音乐

第6步 ▶ 单击"确认"按钮就完成了发音人的设置，如图2-21所示。

> ⚠ **注意：** 如果对系统自带的发音人都不满意，可以在弹出的菜单中选择"我的发音人"→"创建发音人"命令，完成录制声音、训练发音人、选择发音人三个步骤后，即可生成讯飞星火的语音合成发音人。

图2-21　PC端完成发音人设置

2. 移动端 App 设置方法

在讯飞星火App中，设置发音人的方法与PC端相似，操作界面和具体步骤略有不同。接下来，请跟随我们一起进行移动端设置发音人的操作。

第1步 ▶ 打开讯飞星火App，点击"本机号码一键登录"按钮，如图2-22所示。

第2步 ▶ 进入主界面后，点击右上角讯飞星火的图标 🔥 ，如图2-23所示。

图2-22　点击"本机号码一键登录"按钮

图2-23　点击讯飞星火的图标

第3步 ▶ 点击右上角的"设置"按钮，进入设置界面，如图2-24所示。

第4步 ▶ 设置界面显示"当前发音人"和"语言播报"的开关状态，选择"当前发音人"区域，进入发音人设置界面，如图2-25所示。

图2-24　点击"设置"按钮　　　　图2-25　选择"当前发音人"区域

第5步 ▶ 在界面中进行中文发音人、英文发音人、语速、背景音乐的设置，点击"确定"按钮，即可完成发音人设置，如图2-26、图2-27所示。

图2-26　设置中文发音人、　　　　图2-27　点击"确定"按钮
英文发音人、语速、背景音乐

通过以上步骤，我们完成了在讯飞星火 App 中设置发音人的操作。

> ⚠ **注意：**　与 PC 端相比，App 中设置发音人时缺少了创建发音人的选项。这主要是为了提高 App 的便捷性。如果读者对这个功能有需求，可以选择在 PC 端进行设置。

2.2.4　如何更换绑定的手机号

使用手机快捷登录讯飞星火非常便利，然而，当用户手机号发生变更后，如何继续登录成了一个重要问题。请按照以下步骤，完成更换绑定手机号的操作。

第1步 ▶　单击讯飞星火主界面右上角头像处，在下拉菜单中选择"修改密码"选项，如图 2-28 所示。

第2步 ▶　进入"安全设置"页面，可查看到当前绑定的手机号，单击"修改"按钮，如图 2-29 所示。

图 2-28　选择"修改密码"选项

图 2-29　单击"修改"按钮

第3步 ▶　在弹出的菜单中单击"获取验证码"按钮，如图 2-30 所示。

第4步 ▶　用鼠标拖动滑块完成拼图验证，如图 2-31 所示。

图 2-30　单击"获取验证码"按钮

图 2-31　完成拼图验证

第5步 ▶ 输入手机收到的验证码，单击"下一步"按钮，如图2-32所示。

第6步 ▶ 在弹出的窗口中，输入新手机号，以及该手机号收到的验证码，即可完成修改绑定手机号的操作，如图2-33所示。

图 2-32　输入手机收到的验证码　　　　图 2-33　输入新手机号及验证码

2.2.5 如何修改登录密码

对于习惯使用用户名和密码登录的用户来说，修改登录密码是很常见的操作。下面，我们介绍账号登录密码的修改操作。

第1步 ▶ 将鼠标移至讯飞星火主界面右上角的头像处，在下拉菜单中选择"修改密码"选项，如图2-34所示。

第2步 ▶ 进入"安全设置"界面，单击"修改"按钮，如图2-35所示。

图 2-34　选择"修改密码"选项

图 2-35　单击"修改"按钮

第3步 ▶ 在弹出的菜单中，单击"获取验证码"按钮，如图2-36所示。

第4步 ▶ 拖动鼠标完成拼图验证操作，如图2-37所示。

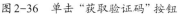

图2-36 单击"获取验证码"按钮

图2-37 完成拼图验证

第5步 ▶ 输入手机收到的验证码，单击"下一步"按钮，如图2-38所示。

第6步 ▶ 设置新的登录密码，单击"确定"按钮，如图2-39所示。

图2-38 输入手机收到的验证码

图2-39 设置新的登录密码

第7步 ▶ 按照系统提示，再次完成拼图验证，如图2-40所示。

图2-40 完成拼图验证

第8步 ▶ 安全设置界面上方弹出"密码修改成功"提示框，修改密码的操作就成功完成了，如图2-41所示。

图 2-41　弹出"密码修改成功"提示框

2.2.6　如何删除单个历史对话 / 修改历史对话标题

在讯飞星火主界面的左侧区域，可以看到历史对话列表展示区。接下来，我们介绍删除单个历史对话及修改历史对话标题的操作。

第1步 ▶ 进入讯飞星火主界面后，系统会自动显示最新的对话窗口，并在"历史对话"选项卡中默认选中最新的对话标题。如果想删除某条历史对话记录，用户可以在"历史对话"选项卡中选中该对话记录的标题，然后单击旁边的"删除"按钮 🗑，如图 2-42 所示。

第2步 ▶ 此时弹出确认对话框，单击"确定"按钮，确认删除选中的对话记录，如图 2-43 所示。

图 2-42　单击"删除"按钮　　　　　　　图 2-43　单击"确定"按钮

第3步 ▶ 在弹出"删除成功！"的提示框后，可以看到左侧"历史对话"选项卡中该条对话记录已被成功删除，如图 2-44 所示。

图 2-44　弹出"删除成功！"提示框

第4步 ▶ 若需更改某条对话记录的标题，在讯飞星火主界面左侧"历史对话"

选项卡中，首先选中该条对话记录的标题，然后单击"修改"按钮 ，如图 2-45 所示。

第5步 ▶ 输入更新后的标题，单击"保存"按钮 ，如图 2-46 所示。

图 2-45　单击"修改"按钮

图 2-46　单击"保存"按钮

第6步 ▶ 系统弹出"修改成功"提示框，与此同时，左侧的"历史对话"选项卡中，相应对话记录的标题已经成功更新，且位于列表的最顶部，表示这是最新的对话记录，如图 2-47 所示。

图 2-47　弹出"修改成功"提示框

2.2.7　如何调节字号大小

在讯飞星火 App 中，用户可以轻松地调整字号大小以满足不同的阅读需求。请注意，PC 端并未提供此功能。接下来，我们将介绍在讯飞星火 App 中调节字号大小的操作步骤。

第1步 ▶ 打开讯飞星火 App，登录后进入对话主界面，点击右上角讯飞星火的图标，如图 2-48 所示。

第2步 ▶ 点击页面右上角的"设置"按钮，如图2-49所示。

图 2-48 点击右上角讯飞星火的图标　　图 2-49 点击"设置"按钮

第3步 ▶ 选择"常用功能"中的"通用设置"选项，如图2-50所示。

第4步 ▶ 选择"通用设置"中的"字号大小"选项，如图2-51所示。

第5步 ▶ 用户可以通过拖动页面底部的滑块调节字号大小，同时可以预览字体大小改变的效果，如图2-52所示。

图 2-50 选择"通用设置"　　图 2-51 选择"字号大小"　　图 2-52 拖动底部的
　　　　　选项　　　　　　　　　　选项　　　　　　　　滑块调整字号大小

2.2.8　如何取消/开启对话时的震动

在使用讯飞星火App进行对话时，可能需要用到震动提醒。下面，我们来进行震动设置的操作。

第1步 ▶ 打开讯飞星火 App，登录后进入对话主界面后，点击右上角讯飞星火的图标，如图 2-53 所示。

第2步 ▶ 点击页面右上角的"设置"按钮，如图 2-54 所示。

图 2-53　点击右上角讯飞星火的图标　　　图 2-54　点击"设置"按钮

第3步 ▶ 选择"常用功能"中的"通用设置"选项，如图 2-55 所示。

第4步 ▶ 选择"通用设置"中的"震动提醒"选项，点击开关按钮，即可完成震动功能的开启和关闭，如图 2-56 所示。

图 2-55　选择"通用设置"选项　　　图 2-56　设置震动提醒

2.3　星火友伴

2023 年 10 月 24 日，科大讯飞隆重推出了讯飞星火认知大模型 V3.0，这一版本引入了虚拟人格"友伴"功能，为用户带来了更加个性化的体验。友伴以虚拟角色的方式与用户进行智能对话，它可以根据性格模拟、情绪理解及表达风格来形成一个初始人设, 再通过特定知识学习、对话记忆学习, 进一步塑造更个性化的 AI 人设。每个友伴都具有独特的性格、情绪、情感、语气和语调, 为 AI 赋予了鲜活的人格。这一功能极大地丰富了用户的交互体验, 正如科大讯飞董事长刘庆峰所言: "AI 人设为星火注入了'灵魂'"。

星火友伴的性格多样, 如活泼开朗、温柔体贴、幽默风趣等。用户可选择适合自己的友伴。每个友伴都有自己的特点和专长, 为用户提供个性化服务。无论是解答问题、提供建议, 还是陪伴聊天, 星火友伴都能以最合适的方式与用户交流。星火友伴的情绪和情感丰富, 它可以感知用户情绪变化, 并根据情绪给予回应和支持。在有了人设和性格之后, 讯飞星火对于每个用户而言, 都是独特的 AI 助手。

下面, 我们通过与友伴的互动来体验这一功能。

2.3.1 发现友伴

讯飞星火提供了一系列精心设计、类型多样的友伴, 旨在满足不同用户的不同需求和偏好。在开始使用这些友伴之前, 用户需要先进行添加操作。

第1步 在讯飞星火对话界面左侧区域, 单击"发现友伴"按钮, 右侧区域则默认展示系统"精选"的友伴, 如图 2-57 所示。

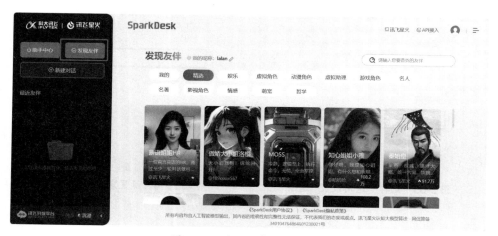

图 2-57 系统"精选"的友伴

第2步 用户可以根据个人偏好, 在"名著"等分类中筛选并查找心仪的友伴。此外, 用户还可以直接在"搜索栏"中输入目标友伴的名称, 快速找到所需友伴, 如图 2-58 所示。

图 2-58　分类查找和搜索友伴

第3步 ▶ 选中一个友伴，如"林黛玉"，单击鼠标，系统会提示"添加成功"。同时，页面左侧"最近友伴"显示为"林黛玉"，表明成功添加了友伴"林黛玉"，如图 2-59 所示。

图 2-59　成功添加了友伴"林黛玉"

2.3.2　对话友伴

下面，让我们一同走进红楼梦的世界，与"林黛玉"这位经典文学角色进行一场虚拟友伴的聊天，感受古典文学的魅力，享受与文学人物对话的乐趣。

> 🔟 **我：**
> 你好，林妹妹，能与我分享一下你最近的生活吗？

> **林黛玉：**
> 　　这有何难，不过怕您嫌我烦闷。近日里过得倒还充实，起得不算晚，去给祖母请安，回来后读读书，写写字，弹弹琴。到晌午时去用饭，下午让人扶着在园子里散散步，有时碰到宝姐姐她们就一起说说话儿。晚间就让紫鹃给我念念杂书，倒也过得自在。

> **我：**
> 　　听起来很惬意啊，你最喜欢的消遣是什么？

> **林黛玉：**
> 　　我也没什么喜欢的，不过偶尔写写字，弹弹琴，找人说说话罢了。

> **我：**
> 　　你对诗词真有很深的造诣，能否为我吟诵一首你的新作呢？

> **林黛玉：**
> 　　新作算不上，不过昨日里在园中散步时偶得一首，还请指教："粉堕百花州，香残燕子楼。一团团逐对成球。漂泊亦如人命薄，空缱绻，说风流！草木也知愁，韶华竟白头！叹今生谁拾谁收？嫁与东风春不管，凭尔去，忍淹留。"

> **我：**
> 　　真是妙不可言，每一句都充满了意境。你在大观园中有什么愿望或梦想吗？

> **林黛玉：**
> 　　我的愿望？大抵是希望能一辈子住在这大观园中，有亲人陪伴，有诗书为伴。至于梦想，我的梦想早在化成这绛珠仙草之前便已破碎了。

> **我：**
> 　　谢谢你与我分享这些，与你的对话让我对古代生活有了更深的理解。

> **林黛玉：**
> 　　阁下客气了，能与您这般交流，对我而言也是一种乐趣。若有机会，还望阁下多多赐教。

> **我：**
> 　　一定一定，希望下次还能继续我们的对话。再见了，林妹妹！

林黛玉：

阁下慢走，后会有期。

2.3.3　聊天方式

与星火友伴聊天的方式主要有以下三种。

1. 文字输入

用户通过输入文字的方式，向友伴发送信息。这种传统的聊天方式让用户可以仔细思考和组织语言，适合深入且有条理的交谈。在聊天框中输入文字，单击"发送"按钮即可，如图 2-60 所示。

图 2-60　文字输入

2. 语音输入

语音输入更快捷，更符合口语交流的习惯，适合快节奏的对话场景，或者用户希望以更直接、实时的方式分享个人想法时。单击聊天框中的"麦克风"按钮，输入语音即可，如图 2-61 所示。

图 2-61　语音输入

3. 语音通话

这种方式不同于语音输入，它允许用户与友伴进行实时的语音通话，同时能够听到对方的声音，从而感受到对话的即时性和亲切感。单击聊天框的"电话"按钮，即可发起语音通话，如图 2-62 所示。

图 2-62　语音通话

通话完成后，单击界面的"挂断"按钮，结束通话，如图 2-63 所示。

图 2-63　结束语音通话

每种聊天方式都有其独特的应用场景和优势，用户可以根据需要选择最适合的方式进行交流。

专家点拨

技巧 01：认识讯飞星火 API

讯飞星火 API 是科大讯飞提供的一项服务，它允许用户通过编程方式接入和使用讯飞星火的 AI 能力。以下是关于讯飞星火 API 的一些基本信息。

（1）API 接入：用户可以通过注册讯飞开放平台并创建应用来获取 API 的访问权限。审核通过后，用户可以获得 AppID、APISecret 和 APIKey 等关键信息，这些是调用 API 时进行身份验证的必需凭证。

（2）功能介绍：讯飞星火 API 支持多种功能，包括但不限于文本生成、翻译、问答、内容创作等。它可以应用于办公、学习、生活、娱乐、营销、编程、创作等多个领域。

（3）免费额度：讯飞星火 API 为新用户提供了一定数量的免费 Tokens，以便新用户体验和测试 API 的功能。这些免费额度通常有一定的使用限制，如一年内使用 200 万 Tokens。

（4）SDK 支持：讯飞星火提供了多种 SDK，包括 Android、Linux、Windows、iOS 和 Web 平台，以方便开发者在不同的开发环境中集成和使用 API。

（5）接入指南：讯飞星火 API 的官方文档提供了详细的接入指南和示例代码，帮助开发者快速理解和使用 API。文档中还包括 API 的调用方法、参数配置、错误处理等重要信息。

（6）社区支持：开发者可以在讯飞社区中寻求帮助和交流经验，并分享自己的 API 使用案例和解决方案。

通过讯飞星火 API，开发者可以将强大的 AI 能力集成到自己的产品和服务中，提升用户体验和工作效率。同时，讯飞星火也在不断优化和升级 API 的功能，以满足用户不断增长的需求。

技巧 02：讯飞星火语音大模型

讯飞星火语音大模型是由科大讯飞推出的一款先进的 AI 大语言模型，它在语音交互技术领域具有国际领先的评测效果。它的中文、英语、法语、俄语等首批 37 个主流语种的语音识别效果已超过 OpenAI Whisper V3，而在多语种语音合成方面，讯飞星火语音大模型的首批 40 个语种，拟人度超过 83%。讯飞星火语音大模型不仅可以助力跨国度、跨语种、跨文化间的对话，而且还能"百搭"更多真实场景，赋能实际应用落地。在智能汽车、智能客服、智能家居、陪伴机器人等领域，讯飞星火语音大模型将大有用武之地。讯飞星火语音大模型具有以下几个特点和功能。

1. 产品能力

（1）大模型语音识别：能够将短音频（最长 60 秒）精准识别成文字，支持超过 37 种语种的自动判别，包括中文普通话和英文等，且支持在说话过程中无缝切换语种，实时返回对应语种的文字结果。

（2）超拟人语音合成：基于业界领先的语音合成算法，高度还原真人口语表达和语流变化等韵律特点，实现生动自然、接近真人的语音合成能力，满足不同场景的个性化需求。

2. 产品优势

（1）高识别率和准确率：基于统一建模的讯飞星火语音大模型，极大提升语音识别准确度，真实还原语音内容。

（2）多语种支持：涵盖中文、英语、日语、韩语、俄语、法语、西班牙语、阿拉伯语、德语、葡萄牙语、越南语、泰语、意大利语等37个语种。

（3）自动语种判断和指定语种识别：支持上述37个语种自动识别，并在说话过程中可以无缝切换语种。对于已明确语种的场景，也可以指定语种进行识别，进一步提高识别正确率。

（4）智能标点：讯飞星火语音大模型支持数字、标点、大小写和识别结果同步预测，带来更流畅的阅读体验。

（5）贴近真人听感效果：高度还原口语化和韵律发音特点，提供高度拟人化的语音合成效果。

（6）多语言多风格可选：支持中、英及东北话等不同语种和方言，适配不同地区的音色特点和说话风格。

（7）个性化参数可调：支持口语化文本自动转换，并允许个性化调节副语言类型、口语化程度等参数，满足不同场景的个性化需求。

（8）丰富的调用方式：支持多场景在线调用、私有化部署等多种方式，灵活便捷。

3. 应用场景

（1）语音搜索：支持语音输入，解放双手，适用于车载搜索、手机搜索等多种场景。

（2）聊天输入：将语音消息转换为文字，方便用户输入和阅读聊天内容。

（3）游戏娱乐：用户可以边玩，边聊天，并查看聊天内容，畅享游戏和社交的双重乐趣。

（4）人机交互：通过语音控制智能设备或软件，适用于硬件、机器人、App等领域。

（5）语音助手：通过智能对话与即时问答功能，帮助用户解决问题。

（6）智能客服：将自然语音合成效果应用于客服回访、客户关怀等多个场景。

（7）教学培训：利用富有感染力的声音赋能教学场景，提升用户学习体验。

（8）心理教育：人性化的语音合成配合心理学教育方法，促进学生全面素质的提高。

　　讯飞星火语音大模型为多种场景提供了强大的语音识别和语音合成能力，为企业和开发者提供了全面的语音交互解决方案。该模型已经向开发者完全开放，并且首发搭载在讯飞翻译机上。

本章小结

　　本章深入介绍了讯飞星火应用的快速上手流程和关键操作设置，让读者能够轻松掌握从注册登录到个性化配置的全过程。通过详细的步骤解析，读者可以了解如何通过手机快捷登录或账号密码登录方式进入应用，并进行界面布局、主题、发音人等个性化设置。此外，本章还提供了丰富的操作技巧，包括历史对话记录的管理、字号大小的调整以及震动提醒的设置。同时，对讯飞星火的友伴功能进行了深入探讨，展示了如何与这些虚拟角色进行多样化的互动交流。通过本章的学习，读者能够掌握讯飞星火的入门操作，为进一步探索其高级功能打下坚实基础。

第 3 章

工具扩展：讯飞星火插件的探索与应用

本章导读

　　本章将重点介绍讯飞星火插件，这是一款功能强大的工具，旨在为用户提供多种实用功能。我们先对讯飞星火插件进行定义、功能特点及适用场景的简单介绍，然后通过实战演示的方式，详细展示讯飞星火插件的使用方法，涵盖智能 PPT 生成、自媒体运营、智能翻译、思维导图流程图、AI 面试官、TreeMind、邮件生成等功能，引导读者利用这些工具提高工作效率和解决实际问题。通过本章的学习，读者不仅可以获得关于讯飞星火插件的全面认识，还可以掌握其在提升个人和团队生产力方面的应用技巧。

3.1　讯飞星火插件简介

　　讯飞星火插件是基于讯飞星火认知大模型的智能化工具，旨在通过与各类应用程序的集成来提升用户的工作效率和生产力。

3.1.1　什么是讯飞星火插件

　　讯飞星火插件是讯飞星火认知大模型的一部分，可以为用户提供多种功能，以满足客户广泛的应用场景和需求。用户可以在讯飞星火的对话框中直接调用各种插件，如文档问答、PPT生成、简历生成等，从而获得更高效、更便捷的工作和生活体验。

3.1.2　讯飞星火插件的功能特点

讯飞星火插件具备多模态输出、功能丰富、实时语音交互、强大的语义理解能力和多样化的应用场景等特点，实现了高效便捷的人机互动和多样化的任务执行。

3.1.3　讯飞星火插件的应用场景

讯飞星火插件适用于多种工作和生活场景，可以为用户提供智能化辅助，从而提高效率。以下是一些典型的应用场景。

（1）智能PPT生成：适用于会议演讲、学术报告等场景，可以帮助用户快速生成演示文稿。

（2）自媒体运营：适用于自媒体运营场景，帮助用户进行内容管理、数据分析、粉丝互动等工作，提高自媒体运营效率。

（3）智能翻译：适用于跨文化交流和语言学习等场景，可实现实时翻译和语言理解。

（4）图片设计：适用于广告设计、社交媒体配图、个人照片编辑等场景，帮助用户进行图片裁剪、调整等操作。

（5）思维导图流程图：适用于项目管理、学习计划、会议记录等场景，帮助用户制作思维导图和流程图，整理思路、规划项目等。

（6）智能简历：适用于求职、职场晋升等场景，帮助用户创建专业的简历，提供个性化模板和内容建议，提升求职、晋升成功率。

（7）板栗看板：适用于团队项目管理、工作协调等场景，帮助团队进行任务分配、进度跟踪、协作沟通等。

（8）AI面试官：适用于求职准备、职业培训等场景，可以模拟真实面试环境，帮助用户进行面试训练，提高面试技巧。

（9）TreeMind：适用于学习、规划和创意发展等场景，帮助用户进行思维整理与知识管理等。

（10）邮件生成：适用于商务沟通、客户服务等场景，帮助用户快速生成专业的电子邮件。

3.2 实战：讯飞星火插件的使用

讯飞星火插件的操作简便且高效。在讯飞星火对话界面中，用户只需选择对话框上方的插件栏中的插件，即可在对话中使用该插件功能，如图3-1所示。接下来，我们将通过几个精选的实例，深入体验讯飞星火插件的强大功能。

图 3-1　插件栏

3.2.1 智能 PPT 生成

在日常工作中，我们常常需要花费大量时间制作PPT。幸运的是，讯飞星火的插件为我们提供了一种高效的解决方案，使我们能够迅速创建出高品质的PPT。接下来，我们借助讯飞星火的"智能PPT生成"插件，通过简洁明了的步骤，制作一份精致的PPT，具体操作步骤如下。

第1步 在对话框的上方，选择"智能PPT生成"插件。然后，系统会弹出一个菜单，详细介绍该插件的核心功能，即依据文本描述自动生成高品质的PPT演示文稿。同时，弹出的菜单中还提供了两组指令提示，以助于用户更精准地利用这一功能，如图3-2所示。

图 3-2　选择"智能 PPT 生成"插件

第2步 ➤ 在对话框中输入指令"制作一份2024年人工智能行业趋势分析
PPT"，并单击发"送按"钮，如图3-3所示。

图 3-3 输入指令

第3步 ➤ 系统给出的回复如下。

根据您提供的信息，以下是为您初步创建的PPT大纲。您可以自由地对其进行编
辑和调整，或者直接参考这个大纲生成PPT演示文稿。

主标题：2024年人工智能行业趋势

副标题：深度解析AI技术发展与应用展望

一、2024年AI行业概览

1. AI技术发展趋势

2. 行业应用热点分析

3. 全球市场动态展望

二、AI技术发展趋势分析

1. AI技术革新动向

2. 深度学习发展预测

3. 人工智能应用前景

三、主要AI企业动态观察

1. AI企业融资情况

2. 创新产品和技术动态

3. 市场布局与战略调整

四、AI应用领域扩展情况

1. AI在医疗领域的突破

2. 人工智能赋能金融行业

3. 智能制造与AI的融合

五、AI相关政策与法律法规

1. AI政策发展趋势

2. 法律法规对AI的影响

3. 国际AI政策对比

六、人工智能人才市场分析

1. 人才需求趋势预测

2. 人工智能教育培养现状

3. 行业薪酬水平分析

七、AI投资与融资趋势

1. AI投资总额趋势

2. 融资领域分布分析

3. 投资热点深度解读

八、未来AI行业挑战与机遇

1. AI技术突破展望

2. 行业应用前景分析

3. 政策环境影响评估

系统给出了PPT模板的大纲，用户可以编辑或参考。

第4步 ▶ 在系统回复文字的末尾，单击"一键生成PPT"按钮，根据上一步的PPT大纲直接生成PPT文件，如图3-4所示。

第5步 ▶ 得到一份制作精美的PPT文件，如图3-5所示。

图3-4 单击"一键生成PPT"按钮

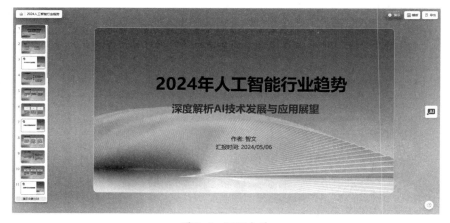

图3-5 PPT文件

第6步 ▶ 用户可以根据自己的需求对PPT进行个性化编辑。编辑完成后，仅需单击"导出"按钮，便可以轻松保存PPT文件，如图3-6所示。通过这几个简洁的步骤，我们就顺利完成了PPT的制作过程。

图 3-6　单击"导出"按钮

3.2.2　自媒体运营

讯飞星火的"自媒体运营"插件，是专为自媒体运营者精心设计的工具，旨在提升内容创作与管理的效率。用户仅需输入创作主题，插件便能迅速生成富有创意的文案草稿，同时提供实时热点追踪功能，确保内容紧贴最新趋势。此外，插件内置多种文案类型和语言风格选项，用户可以根据自己品牌的定位或目标受众的偏好，挑选合适的文案模板和语言风格。借助"自媒体运营"插件，用户可以轻松管理和推广自媒体平台上的内容，实现更精准的市场定位和更高效的粉丝互动。接下来，我们将深入了解"自媒体运营"插件的丰富功能，体验它如何成为自媒体运营专业人士迈向成功之路的得力助手。

第1步 ▶ 选择"自媒体运营"插件，系统会弹出一个菜单，包含该插件的简要介绍和指令提示，如图3-7所示。

图 3-7　选择"自媒体运营"插件

第2步 ▶ 选择"自媒体运营"插件后，在弹出的菜单中选择"高级功能设置"选项，如图3-8所示。

第3步 ▶ 在对话框中输入指令"以川渝地区年夜饭为主题，写一篇文章，介绍川渝地区特色饮食的同时，突出春节家人团聚的主题，体现中国传统文化以及传统节日的意义"，并设置文案类型、字数及语言风格，单击"立即创作"按钮，如图 3-9 所示。

图 3-8　选择"高级功能设置"选项　　　　图 3-9　单击"立即创作"按钮

第4步 ▶ 指令输入后，讯飞星火给出如下回复。

在这个特殊的日子里川渝地区的年夜饭，更是让人垂涎欲滴的美味佳肴。今天，就让我带大家来领略一下川渝地区年夜饭的魅力吧！

首先，川渝地区的年夜饭有着丰富多样的菜品。从辣子鸡、水煮鱼到毛血旺、麻辣火锅，每一道菜都散发着浓郁的香气和独特的味道。这些美食不仅可以满足口腹之欲，而且传承了川渝地区人民对美食的独特追求和热爱。

其次，川渝地区年夜饭注重家人团聚的意义。在中国，家庭是最重要的社会单位，春节是家人团聚的时刻。在川渝地区，年夜饭是全家人围坐在一起，共同享受美食的时刻。这个时候，家人们可以畅所欲言，分享彼此的喜怒哀乐，感受到家的温暖和亲情的力量。

除了美食和家人团聚的意义，川渝地区年夜饭还体现了中国传统文化的价值。中国有着悠久的烹饪历史和丰富的饮食文化，川渝地区作为中国的西南门户，更是汇聚了许多地方特色和民族风味。通过年夜饭，我们既可以了解到中国饮食文化的博大精深，还可以感受到传统文化的魅力和价值。

最后，我想分享一个关于川渝地区年夜饭的故事。在我小时候，每年的春节，我都会和爷爷奶奶一起过年。那时候，我们家的年夜饭总是特别丰盛，爷爷会亲自下厨，做一桌美味的菜肴。我们围坐在一起，边吃边聊，欢声笑语不断。那种幸福感和温馨感，至今仍难忘。

回忆起那些年的年夜饭，我深深地感受到了家的温暖和传统文化的魅力。无论是川渝地区的美食，还是家人团聚的意义，都是我们永远珍藏在心中的记忆。在这个特殊的时刻，让我们一起品味川渝地区年夜饭的美味，感受家的温度，传承中华传统文化的精髓。

使用"自媒体运营"插件，经过简单的几个步骤的操作，我们就可以得到一份高质量的文案，自媒体运营者可以将宝贵的时间和精力投入更有创造性的工作中，同时确保内容营销的效率和效果。

3.2.3 智能翻译

讯飞星火"智能翻译"插件集文本翻译、AI生成翻译和图片翻译三大功能于一体。在文本翻译方面，它支持中、英、德、俄、法等多种语言间的相互翻译，并具备自动检测语言的功能，用户无须手动选择源语言，这提升了操作的便捷性。AI生成翻译则结合了AI内容生成和翻译的功能，能够自主生成内容并进行翻译，为用户提供了更加全面的翻译解决方案。而图片翻译功能，支持用户通过拖曳或上传图片的方式进行翻译，为用户提供了更加灵活的选择。这些功能的整合使讯飞星火"智能翻译"插件成为一个功能丰富、操作简便的翻译工具。接下来，让我们一同探索"智能翻译"插件带来的多元功能体验。

第1步 ▶ 在对话框的上方，选择"智能翻译"插件，系统会弹出一个菜单，介绍该插件的核心功能并提供操作指南，以便用户掌握如何使用该插件，如图3-10所示。

图 3-10 选择"智能翻译"插件

第2步 ▶ 此时，弹出的菜单默认选中"文本翻译"选项卡，我们复制一段英语文章"White-shouldered starling. Curiosity about birds has inspired people to take up bird-watching in Shanghai. Many take it as an opportunity to spend time outdoors and get close to nature. The most dedicated birders are usually equipped with binoculars and cameras, and travel long distances and spend hours among reeds in shoals in Nanhui or Chongming district, in order to capture a new bird with their lens. Others, especially parents with school-aged children, sign up for weekend bird-watching sessions and join groups of 10 on trips to popular locations for bird-watching such as the Century Park in Pudong and the Gongqing Forest Park in Yangpu district. Dozens of studios and institutions provide such public educational events regularly, recruiting participants on social media", 单击 "开始翻译" 按钮, 如图 3-11 所示。

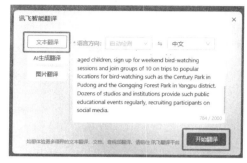

图 3-11　单击"开始翻译"按钮

第3步 ▶ 系统给出的翻译结果如图 3-12 所示。

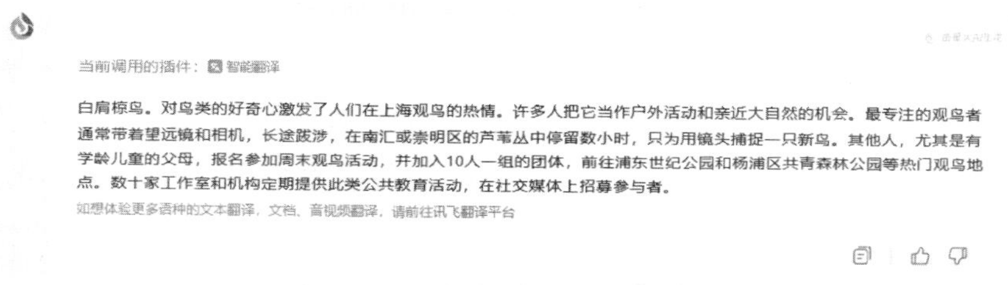

当前调用的插件：🔲 智能翻译

白肩棕鸟。对鸟类的好奇心激发了人们在上海观鸟的热情。许多人把它当作户外活动和亲近大自然的机会。最专注的观鸟者通常带着望远镜和相机，长途跋涉，在南汇或崇明区的芦苇丛中停留数小时，只为用镜头捕捉一只新鸟。其他人，尤其是有学龄儿童的父母，报名参加周末观鸟活动，并加入10人一组的团体，前往浦东世纪公园和杨浦区共青森林公园等热门观鸟地点。数十家工作室和机构定期提供此类公共教育活动，在社交媒体上招募参与者。

如想体验更多语种的文本翻译、文档、音视频翻译，请前往讯飞翻译平台

图 3-12　系统给出的翻译结果

第4步 ▶ 再次选择"智能翻译"插件, 在弹出的菜单中选择"AI生成翻译"选项, 输入指令"帮我写一篇以'磨难也是财富'为主题的文章", 单击"开始生成"按钮, 如图 3-13 所示。

第5步 ▶ 系统生成的中文文章如下。

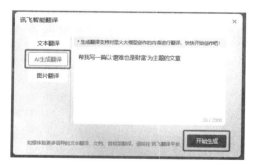

图 3-13　选择"AI生成翻译"选项

标题: 磨难也是财富

　　在人生的长河中，每个人都会遭遇各种各样的挑战和磨难。有时，这些困难看似无情，仿佛是命运对我们的不公。然而，当我们透过表象深入思考时，不难发现，正是这些磨难塑造了我们的坚韧与智慧，成为我们宝贵的精神财富。

　　磨难，它考验着人的意志与耐力。在逆境中，人们往往能够发现自己未曾觉察的

潜力。正如钻石需经历高温和高压才能璀璨夺目，人也只有在经历挑战和磨难后，才能更加坚强和明亮。历史上不乏这样的例子，如古希腊哲学家苏格拉底在面对死刑时依然保持着对真理的追求，他的坚持和勇气激励了无数后来者。在中国，古代诗人杜甫在战乱和流离失所中创作出感天动地的诗篇，展现了他不屈不挠的精神。这些历史人物的经历告诉我们，磨难不仅没有摧毁他们，反而成为他们精神财富的一部分。

　　磨难也是认识自我、提升自我的过程。在困难面前，人们不得不审视自己的弱点和不足，从而有机会加以改进。这种自我反省和自我提升的过程，是人生最宝贵的经历之一。因为在磨难中，我们学会了谦卑，学会了同情，学会了理解他人的痛苦。这些品质，是顺境中难以体会到的。例如，南非前总统曼德拉在漫长的监禁生涯中，不仅坚守信念，而且深刻反思种族隔离政策带来的痛苦，最终成为一个伟大的领袖以及和平使者。他的故事证明，磨难可以成为个人成长和转变的催化剂。

　　此外，磨难还能够激发创造力和创新精神。在面对看似无解的问题时，人们被迫走出舒适区，寻找新的解决方案。这种创新的过程，往往能够带来突破性的进展。例如，中国古代的发明家蔡伦，在面对书写材料短缺的问题时，发明了造纸术，极大地促进了文化的传播和发展。蔡伦的创新是在困境中诞生的，显示了磨难对于推动人类文明进步的重要作用。

　　更重要的是，磨难能够教会人们珍惜和感恩。当一个人经历过生活的低谷后，他会更容易感受到平凡生活中的幸福和美好。这种对生活的感恩，能够转化为积极向上的力量，帮助人们在未来的生活中更加坚韧和乐观。

　　当然，磨难并不总是那么容易被理解和接受。在困难面前，有人可能会选择逃避或放弃。但我们必须认识到，逃避问题并不能解决问题，只有正视挑战，勇敢地面对磨难，才能够从中学习和成长。这需要我们具备坚定的信念和积极的态度，相信每一次的磨难都是一次成长的机会。

　　总之，磨难是一种财富，它让我们变得更加坚强，更加成熟，更加智慧。它教会我们如何面对生活的挑战，如何在困境中寻找希望。因此，我们应该珍惜生命中的每一段经历，无论是顺境，还是逆境，它们共同构成了我们宝贵的人生财富。让我们以一颗感恩的心，接受生活赐予的每一份礼物。无论是阳光明媚，还是风雨交加，在这漫长的人生旅途中，每一步都是必不可少的，每一步都值得我们用心去体验和珍藏。

第6步 ▶ 在文末处单击"立即翻译"按钮，如图3-14所示。

图 3-14　单击"立即翻译"按钮

第7步 ▶ 得到的英文文章如下。

Title: Suffering is also wealth

In the long river of life, everyone will encounter all kinds of challenges and hardships. Sometimes, these difficulties seem merciless, as if fate is unfair to us. However, when we think deeply through the surface, it is not difficult to find that it is these hardships that shape our tenacity and wisdom and become our precious spiritual wealth.

Suffering, it tests people's will and endurance. In the face of adversity, people are often able to discover their potential without realizing it. Just as diamonds need to experience high temperature and pressure to be brilliant, people can only be stronger and brighter after experiencing challenges and hardships. There are many such examples in history, such as Socrates, an ancient Greek philosopher, who maintained his pursuit of truth in the face of death penalty, and his persistence and courage inspired countless later generations. In China, the ancient poet Du Fu displayed his indomitable spirit by writing touching poems in the midst of war and displacement. The experience of these historical figures tells us that suffering has not destroyed them, but has become a part of their spiritual wealth.

Suffering is also a process of self-understanding and self-improvement. In the face of difficulties, people have to examine their weaknesses and shortcomings, so that they have the opportunity to improve. This process of self-reflection and self-improvement is one of the most valuable experiences in life. For in the midst of suffering, we learn humility, compassion, and understanding of the suffering of others. These qualities are hard to realize in good times. For example, during his long imprisonment, Mandela, the former president of South Africa, not only adhered to his beliefs, but also deeply reflected on the suffering caused by the apartheid policy, and eventually became a great leader and peace envoy. His story proves that suffering can be a catalyst for personal growth and transformation.

In addition, suffering can stimulate creativity and innovation. In the face of seemingly insoluble problems, people are forced to step out of their comfort zone and find new solutions. This process of innovation can often bring about breakthroughs. For example, Cai Lun, an inventor in ancient China, invented papermaking in the face of the shortage of writing materials, which greatly promoted the spread and development of culture. Cai Lun's innovation was born in the predicament, which shows the important role of tribulation in promoting the progress of human civilization.

More importantly, suffering can teach people to cherish and be grateful. When a person has experienced the low point of life, he will be more likely to feel the happiness and beauty of ordinary life. This gratitude for life can be transformed into a positive force to help people be more resilient and optimistic in their future lives.

Of course, tribulations are not always easy to understand and accept. In the face of difficulties, some people may choose to escape or give up. But we must realize that avoiding problems will not solve them. Only by facing challenges and facing hardships bravely can we learn and grow from them. This requires us to have a firm belief and a positive attitude, believing that every tribulation is an opportunity for growth.

In a word, suffering is a kind of wealth, which makes us stronger, more mature and wiser. It teaches us how to face the challenges of life and how to find hope in difficulties. Therefore, we should cherish every experience in life, whether in good times or in bad times, because they together constitute our precious wealth of life. Let us accept every gift of life with a grateful heart, whether it is sunny or stormy. Because in this long journey of life, every step is indispensable, and every step is worth experiencing and treasuring with our heart.

第8步 ▶ 刷新页面，在弹出的菜单中选择"图片翻译"选项，并单击"点击上传"，上传图片，如图3-15所示。

第9步 ▶ 上传图片后，选择相应的语言，然后单击"开始翻译"按钮，如图3-16所示。

图3-15　单击"点击上传"　　　　图3-16　单击"开始翻译"按钮

第10步 ● 得到翻译为英文的图片，如图3-17所示。

图3-17　翻译为英文的图片

3.2.4　思维导图流程图

讯飞星火的"思维导图流程图"插件是一款功能卓越的工具，专为轻松绘制各类流程图而设计。用户可以清晰地提出问题或主题，讯飞星火会迅速生成相应的流程图，省去了手动绘制和整理的烦恼，从而显著提高了思考整理和信息呈现的效率。接下来，我们将借助讯飞星火配备的"思维导图流程图"插件，演示如何快速打造出精确而专业的流程图。

第1步 ● 在对话框的上方，选择"思维导图流程图"插件。系统会弹出一个菜单，介绍该插件的核心功能并提供操作指南，以便用户掌握如何使用该插件，如图3-18所示。

图3-18　选择"思维导图流程图"插件

第2步 ● 在对话框中输入指令"请生成一份流程图，展示邮件系统收发邮件的过程，该邮件系统通过身份认证系统认证后与统一门户完成了对接。考虑各种分支和细节"，并单击"发送"按钮，如图3-19所示。

图 3-19 单击"发送"按钮

第3步 ► 系统给出已生成流程图的预览图，单击"你可以在新标签页中查看此图表"，查看流程图的预览图如图3-20所示。

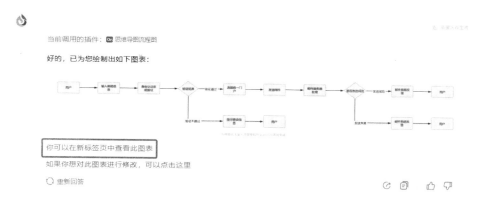

图 3-20 查看流程图的预览图

第4步 ► 在新标签页中得到流程图的放大图，如图3-21所示。此时，根据需要，用户也可以对生成的流程图进行修改。

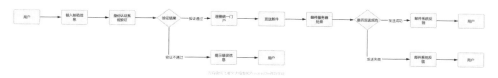

图 3-21 在新标签页中得到流程图的放大图

3.2.5 AI 面试官

讯飞星火"AI面试官"插件是一款人工智能面试辅助工具，旨在通过模拟真实的面试场景提升求职者在面试过程中的效率和准确性。它能够深入挖掘候选人简历中的关键信息，智能地构建面试场景，并据此提出一系列潜在的面试问题，给出建设性的参考答案，从而为求职者提供全方位的面试备战策略，帮助求职者更好地面试，增强自信心，提高成功获得职位的可能性。接下来，我们体验讯飞星火"AI面试官"插件的强大功能，开启职业发展的新篇章。

第1步 ► 在对话框的上方，选择"AI面试官"插件。系统会弹出一个菜单，介绍该插件的核心功能并提供操作指南，以便用户掌握如何使用该插件，如图3-22所示。

第2步 ► 在弹出的菜单中，上传一份求职简历文档并选择面试类型，如"校招"，然后单击"开始面试"按钮，如图3-23所示。

图 3-22　选择"AI面试官"插件　　　　图 3-23　单击"开始面试"按钮

第3步 ► 系统模拟面试官给出如下问题及参考答案。

问题1：请你自我介绍一下。

参考答案：你好，我叫张三，毕业于四川大学计算机科学与技术专业。我在ABC科技有限公司和XYZ软件工程院担任过软件开发实习生和前端开发实习生的职位，负责参与公司项目的需求分析、设计和开发工作，以及使用HTML、CSS和JavaScript实现页面功能。我擅长Java、Python、HTML、CSS、JavaScript等编程语言，同时也熟悉MySQL数据库和SQL语言。我有较强的学习能力和团队合作意识，善于解决问题。

问题2：你在ABC科技有限公司的工作中，是如何与团队成员协作推进项目进度的？

参考答案：在ABC科技有限公司，我们使用敏捷开发的方式进行项目管理，我会与团队成员定期进行会议，讨论项目的进度和遇到的问题。我会使用任务管理工具来跟踪每个人的工作进度，确保项目按时完成。

问题3：你在XYZ软件工程院的工作中，有没有遇到过特别困难的技术问题？你是如何解决的？

参考答案：在XYZ软件工程院，我曾经遇到过一个页面加载速度慢的问题。我首先分析了页面的性能瓶颈，然后优化了相关的代码和图片资源，最后成功提高了页面的加载速度。

问题 4：你在项目中担任过项目组长，可以分享一下你的项目管理经验吗？

参考答案：在我担任项目组长的过程中，我发现需求分析和团队协作是非常重要的。我会在项目开始时与团队成员一起进行需求分析，明确项目的目标和任务。在项目过程中，我会定期组织会议，了解每个人的工作进度和遇到的问题，及时调整项目计划。

问题 5：你在使用 HTML、CSS 和 JavaScript 进行前端开发时，有没有遇到过什么特别的挑战？

参考答案：在使用 HTML、CSS 和 JavaScript 进行前端开发时，我曾经遇到过一个兼容性问题。为了解决这个问题，我查阅了大量的资料，最后通过修改 CSS 样式和 JavaScript 代码，成功解决了这个问题。

问题 6：你在项目中使用过 MySQL 数据库和 SQL 语言，可以分享一下你的使用经验吗？

参考答案：在使用 MySQL 数据库和 SQL 语言时，我发现数据模型的设计是非常重要的。我会在项目开始时设计好数据模型，然后使用 SQL 语言进行数据的增加、删除、修改、查找等操作。同时，我也会定期对数据库进行优化，提高数据库的性能。

问题 7：你在项目中使用过 Spring 和 SpringBoot 框架，可以分享一下你的使用经验吗？

参考答案：在使用 Spring 和 SpringBoot 框架时，我发现它们的 IOC 和 AOP 特性非常强大。我会在项目中使用 Spring 框架进行依赖注入和事务管理，使用 SpringBoot 框架进行项目的快速开发。

问题 8：你在项目中有没有遇到过特别困难的技术难题？你是如何解决的？

参考答案：在项目中，我曾经遇到过一个性能优化的问题。我首先使用了性能分析工具找到了性能瓶颈，然后通过优化代码和使用更高效的算法，成功解决了这个问题。

问题 9：你在项目中有没有使用过版本控制工具？你是如何使用的？

参考答案：在项目中，我通常会使用 Git 作为版本控制工具。我会在项目开始时创建一个新的仓库，然后提交我的代码。在项目过程中，我会定期进行代码的提交和更新，确保代码的版本控制。

问题 10：你在项目中有没有使用过持续集成与持续部署（CI 与 CD）工具？你是如何使用的？

参考答案：在项目中，我通常会使用 Jenkins 作为持续集成与持续部署（CI 与 CD）工具。我会在 Jenkins 中配置项目的构建和部署流程，然后通过触发器自动进行项目的构建和部署。

通过这些精心设计的提问和参考答案，求职者能够全面了解面试的流程和范围，从而为未来的职业面试做好充分的准备。这种互动式的学习体验有助于求职者识别和强化关键的面试技能，提高应对各种面试场景的信心和能力。

3.2.6 TreeMind

讯飞星火的"TreeMind"插件是一款卓越的智能辅助工具，专为快速构建思维导图、树形图、鱼骨图、架构图、时间轴而设计，极大地提升了思考、整理信息及展示的效率。用户仅需提供主题或问题的核心概念，并选择偏好的导图风格，"TreeMind"插件便能迅速打造出精准的图表，免除了繁杂的手工绘制和节点整理过程，实现了思维逻辑的快速成型与直观化。这一创新功能不仅节省了宝贵的时间，还允许用户以更加动态和个性化的方式呈现他们的创意与思路。接下来，让我们一起体验"TreeMind"插件带来的便捷。

第1步 ▶ 在对话框的上方，选择"TreeMind"插件。系统会弹出一个菜单，介绍该插件的核心功能并提供操作指南，以便用户掌握如何使用该插件，如图 3-24 所示。

图 3-24 选择"TreeMind"插件

第2步 ▶ 在对话框中输入指令"请生成一份关于计算机网络发展简史的思维导图"，并单击"发送"按钮，如图 3-25 所示。

图 3-25 单击"发送"按钮

第3步 ▶ 系统给出已生成的思维导图的预览图，单击"你可以在新标签页中查看此图表"，可以查看思维导图的预览图，如图 3-26 所示。

图 3-26　查看思维导图的预览图

第4步 ● 在新标签页中得到思维导图的放大图，如图3-27所示。根据需要，用户可以对生成的思维导图进行修改。

内容由讯飞星火大模型和TreeMind树图思维导图共同生成

图 3-27　在新标签页中得到思维导图的放大图

3.2.7　邮件生成

讯飞星火"邮件生成"插件是由科大讯飞精心打造的一款邮件撰写辅助工具，旨在显著提高邮件编写的速度和质量。这款插件融合了用户自定义的信息和专业设计模板，以智能化的方式迅速生成符合各种场合需求的邮件文本，从而为用户节省宝贵的时间和精力。无论是日常的工作沟通、商务往来，还是各类邀请函的撰写，讯飞星火"邮件生成"插件都能轻松应对。现在，就让我们一同探索讯飞星火"邮件生成"插件的智能邮件构建功能，感受其带来的便捷与魅力。

第1步 ▶ 在对话框的上方，选择"邮件生成"插件。系统会弹出一个菜单，介绍该插件的核心功能并提供操作指南，以便用户掌握如何使用该插件，如图3-28所示。

第2步 ▶ 在弹出的菜单中，输入指令"**请帮我写一份面试通知的邮件，我的公司名称是AAA科技有限公司，我是HR陈晨，联系电话139××××5678**"，然后单击"立即生成"按钮，如图3-29所示。

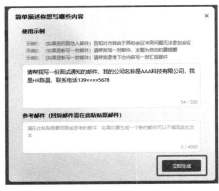

图 3-28　选择"邮件生成"插件　　　图 3-29　单击"立即生成"按钮

第3步 ▶ 得到系统生成邮件内容如下。

邮件标题：×××科技有限公司面试邀请函

尊敬的候选人，

您好！

我代表×××科技有限公司人力资源部，非常高兴地通知您，经过我们细致的简历筛选，您的资历和经验引起了我们的兴趣。我们认为您非常适合我们公司目前的一个职位。因此，我们诚挚地邀请您参加面试，以便我们进一步了解您的能力和潜力。

面试详情如下：

1. 面试日期：［具体日期］

2. 面试时间：［具体时间］

3. 面试地点：×××科技有限公司，［具体地址］

4. 面试官：［面试官姓名］

5. 面试职位：［具体职位名称］

请您携带以下资料：

1. 有效身份证件原件；

2. 最新简历一份，以及相关证明材料，如学历证明、工作经历证明等；

3. 任何您认为能够帮助我们更好了解您的其他材料。

我们建议您提前 15 分钟到达，以便有足够的时间准备。如果您需要任何帮助或有任何疑问，请随时通过以下联系方式与我联系：

联系人：HR 陈晨

联系电话：139××××5678

电子邮箱：［您的电子邮箱］

我们期待与您会面，并希望这次面试能够成为您职业生涯中的一个重要里程碑。请您确认收到此邮件，并在回复截止日期前告知我们您是否能够按时参加面试。

感谢您对×××科技有限公司的关注，相信您的才华和激情将为我们的团队带来新的活力。

祝好！

陈晨

×××科技有限公司人力资源部

联系电话：139××××5678

通过智能的"邮件生成"插件和简单的指令，用户能够迅速完成工作邮件的撰写。在大量邮件往来的工作场景中，这一工具显著提高了工作效率，为用户节省了宝贵的时间。

专家点拨

技巧 01：如何申请成为插件开发者入驻插件中心

用户也可以申请成为插件开发者，入驻讯飞星火插件中心，与讯飞开放平台共建共创，以便将自己的创意和技能应用到讯飞星火插件中心。这使开发者能够为讯飞星火创建新的功能和服务，从而丰富讯飞星火生态系统，满足用户多样化的需求和场景应用。

入驻讯飞星火插件中心仅需在讯飞星火官网在线申请即可，插件通过审核后会发布在讯飞星火插件中心，它将为讯飞星火的用户群体提供额外的价值。同时开发者也可以通过这个平台获得认可和潜在的商业机会。

技巧 02：为企业提供定制化插件需求

通过插件为企业提供定制化服务是一种有效的方式，可以帮助大模型更好地服务于特定的行业和用户。定制化的插件支持私有化部署，确保企业在使用大模型进行内部信息查询和处理时，数据安全性和隐私性得到保障。

通过私有化部署，企业可以确保所有数据的处理都在内部网络或私有云环境中进行，有效防止数据泄露或被外部第三方非法访问。这种方式对于处理敏感信息，如金融数据、医疗记录、知识产权等尤为重要。

此外，定制化插件还可以根据企业的特定需求进行功能定制，例如，可以集成企业的工作流程、业务逻辑、数据分析工具等，使大模型更加贴合企业的实际应用场景。这种灵活性和可定制性，让讯飞星火插件成为企业数字化转型和智能化升级的有力助手。

企业可以与科大讯飞合作，共同开发符合行业标准和企业需求的插件，从而在保障数据安全的同时，提升业务效率和决策质量。通过这种方式，企业不仅能够保护自身的数据资产，还能够享受人工智能带来的创新和效率提升。

本章小结

在本章中，我们全面了解了讯飞星火插件的基本概念和关键操作，深入探索了其功能和多样化的应用场景，并详细讲解了讯飞星火插件的安装与设置，为顺利使用插件打下了基础。通过实战演示，展示了讯飞星火插件在制作 PPT、自媒体运营、流程图绘制、智能翻译、AI 面试官和邮件生成等方面的应用，帮助读者更好地理解和掌握讯飞星火插件的使用方法。通过本章的学习，读者应能全面了解讯飞星火插件的功能和应用，感受科技与生活的深度结合。希望读者能够借助讯飞星火插件，发挥创造力，提升工作效率，享受更智能化的工作与生活。

第4章

实战演练：讯飞星火指令集问答应用解析

本章导读

在本章中，我们将介绍讯飞星火指令集问答应用的实战应用场景。通过多个具体案例，我们将展示讯飞星火在不同领域的应用能力，包括语言/翻译、日常生活、解忧锦囊团、市场营销、教育学习及内容创作。这些案例涵盖文档翻译、旅游计划、人际关系导师、活动方案、课程设计等多个方面，展示了讯飞星火在解决实际问题和提升工作效率方面的强大功能。通过学习本章内容，读者将了解如何利用讯飞星火指令集问答应用，为工作和生活带来智能化支持和便利。

4.1 语言/翻译

讯飞星火提供了一系列丰富的指令集，为不同应用场景提供了强大的支持。无论是在日常生活的便捷服务、教学学习的互动问答，还是工作办公的高效助手，这些指令集都能让用户通过简洁直观的指令，迅速获得所需的答案和建议，从而显著提升工作和生活的效率与品质。接下来，让我们一同探索语言/翻译类指令集的实际运用，体验其带来的便利和高效。

4.1.1 案例：文档翻译

在讯飞星火的"语言/翻译"指令集中，用户能够利用简洁直观的指令轻松实现文档的多语种翻译。具体操作步骤如下。

第1步 ▶ 在讯飞星火对话界面中，单击右上角的三条横线，在弹出的菜单中选择"指令推荐"选项，进入指令集推荐页面，如图4-1所示。

第2步 ▶ 在页面中选择"语言/翻译"选项，进入对应指令集界面，如图4-2所示。

图4-1 选择"指令推荐"选项

图4-2 选择"语言/翻译"选项

第3步 ▶ 在页面中选择"翻译"选项，单击"编辑执行"按钮，进入执行界面，如图4-3所示。

第4步 ▶ 在弹出的菜单中，显示系统预设指令"现在你是一个专业翻译人员，你的目标是把中文翻译成英文。现在请翻译[给我推荐三本中文科幻小说]这句话"，仅需修改"[ ]"里的内容，便可完成指令个性化设置，我们直接单击"去执行"按钮，使用默认设置的指令，如图4-4所示。

图4-3 单击"编辑执行"按钮

图4-4 单击"去执行"按钮

第5步 ▶ 页面跳转至对话框界面，同时对话框中显示系统预设的指令，单击"发送"按钮，如图4-5所示。

图4-5　单击"发送"按钮

第6步 ▶ 系统回复内容为"Please recommend three Chinese science fiction novels to me"，完成翻译操作，如图4-6所示。

图4-6　系统回复内容

4.1.2　案例：英汉互译

接下来，我们将一起探索"英汉互译"指令集的使用，具体操作步骤如下。

第1步 ▶ 选择"指令推荐"–"语言/翻译"选项，在页面中选择"英汉互译器"选项，单击其右上角的"编辑执行"按钮，进入执行界面，如图4-7所示。

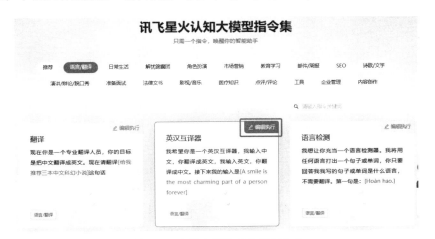

图4-7　选择"英汉互译器"选项

第2步 ▶ 在弹出的菜单中，显示系统预设指令"我希望你是一个英汉互译器，我输入中文，你翻译成英文，我输入英文，你翻译成中文。接下来我的输入是[A smile is the most charming part of a person forever]"，仅需修改"[ ]"里的内容，便可完成指令个性化设置，我们直接单击"去执行"按钮，使用默认设置的指令，如图4-8所示。

图4-8　单击"去执行"按钮

第3步 ▶ 页面跳转至对话框界面，同时对话框中显示系统预设的指令，单击"发送"按钮，如图4-9所示。

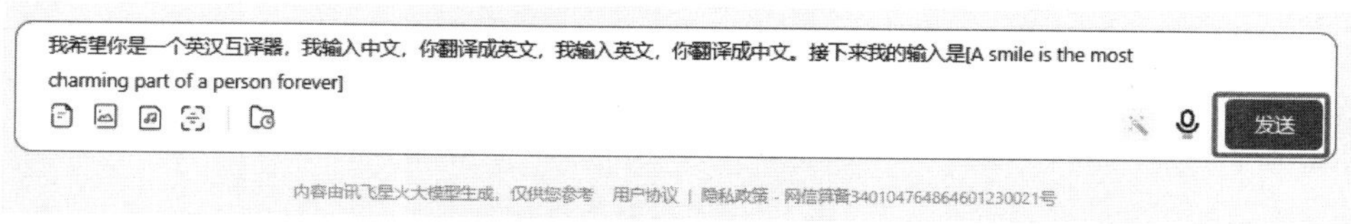

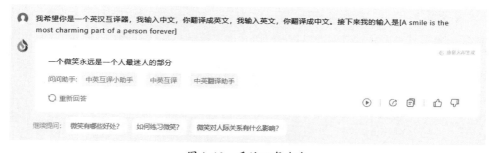

图4-9　单击"发送"按钮

第4步 ▶ 系统回复内容为"一个微笑永远是一个人最迷人的部分"，完成英译汉操作，如图4-10所示。

图4-10　系统回复内容

4.1.3　案例：语言检测

接下来，让我们一起探索"语言检测"指令集的使用，具体操作步骤如下。

第1步 ▶ 选择"指令推荐"-"语言／翻译"选项，在页面中选择"语言检测"选项，单击"编辑执行"按钮，进入执行界面，如图4-11所示。

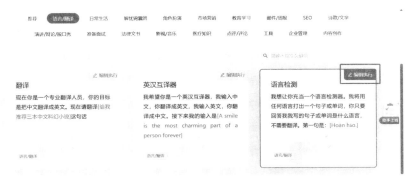

图 4-11 选择"语言检测"选项

第2步 在弹出的菜单中，显示系统预设指令"我想让你充当一个语言检测器。我将用任何语言打出一个句子或单词，你只要回答我写的句子或单词是什么语言，不需要翻译。第一句是：[Hoàn hảo.]"，仅需修改"[ ]"里的内容，便可完成指令个性化设置，我们直接单击"去执行"按钮，使用默认设置的指令，如图4-12所示。

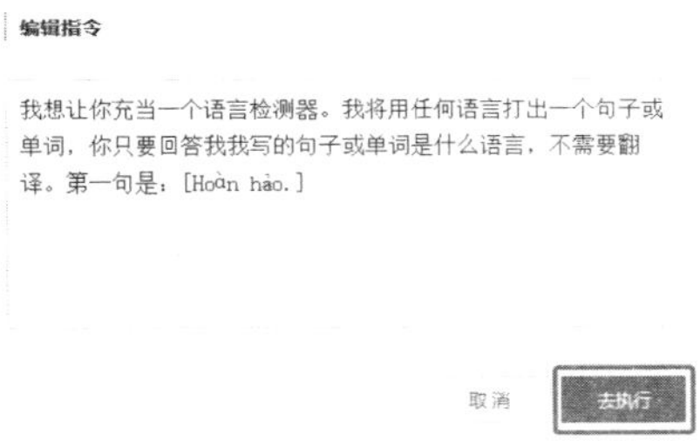

图 4-12 单击"去执行"按钮

第3步 页面跳转至对话框界面，同时对话框中显示系统预设的指令，单击"发送"按钮，如图4-13所示。

图 4-13 单击"发送"按钮

第4步 系统回复内容为"这个句子是越南语"，完成语言检测操作，如图4-14所示。

图 4-14 系统回复内容

4.2 日常生活

讯飞星火日常生活类的指令集主要涉及基本查询、生活服务、娱乐休闲等应用场景，这些指令集可以帮助用户更便捷地获取信息、完成日常任务和享受娱乐休闲活动，提高生活品质和效率。

4.2.1 案例：旅游计划

讯飞星火指令集在日常生活中的应用可以通过旅游计划问答场景来体现其便捷性。假如你希望通过一次旅行来放松心情，体验不同的文化，但又觉得从零开始规划旅程可能会令人望而却步，那么讯飞星火日常生活类的指令集就派上了用场。下面，我们将介绍具体使用方法与操作步骤。

第1步 ▶ 选择"指令推荐"选项，进入页面后，选择"日常生活"选项，进入对应指令集界面，如图4-15所示。

图4-15 选择"日常生活"选项

第2步 ▶ 在页面中选择"旅游计划"选项，单击"编辑执行"按钮，进入执行界面，如图4-16所示。

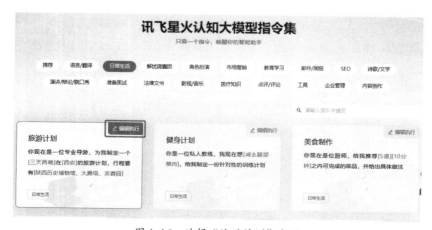

图4-16 选择"旅游计划"选项

第3步 ● 在弹出的菜单中，显示系统预设指令"你现在是一位专业导游，为我制订一个[三天两晚]在[西安]的旅游计划，行程要有[陕西历史博物馆、大雁塔、芙蓉园]"，仅需修改"[ ]"里的内容，便可完成指令个性化设置，我们直接单击"去执行"按钮，使用默认设置的指令，如图4-17所示。

图4-17　单击"去执行"按钮

第4步 ● 页面跳转至对话框界面，同时对话框中显示系统预设的指令，单击"发送"按钮，如图4-18所示。

图4-18　单击"发送"按钮

第5步 ● 系统回复内容如下。

　　欢迎您来到西安，这座充满历史与文化的城市。以下是为您精心规划的三天两晚旅游计划。

　　第一天：

　　1. 上午：抵达西安后，建议您首先前往陕西历史博物馆。这里是中国最重要的历史博物馆之一，拥有丰富的文物藏品，让您能够深入了解中国古代的历史与文化。

　　2. 中午：在博物馆附近品尝当地特色美食，如肉夹馍、凉皮等。

　　3. 下午：游览大雁塔，这是一座具有千年历史的佛塔。您可以登塔俯瞰西安市区的美景，感受古都的韵味。

　　4. 晚上：在大雁塔附近的餐厅享用晚餐，品尝更多西安美食。

　　第二天：

　　1. 上午：参观大唐芙蓉园，这是一个全方位展示盛唐风貌的大型皇家园林式文化主题公园。您可以在这里欣赏到精美的园林景观，了解到唐代皇家生活和文化。

　　2. 中午：在大唐芙蓉园内品尝地道的陕西菜肴。

　　3. 下午：游览西安城墙，这是中国现存最完整、规模最大的古代城垣。您可以选择骑自行车或步行游览城墙，感受古城的历史氛围。

4. 晚上：在回民街品尝各种小吃，体验当地的夜市文化。

第三天：

1. 上午：参观兵马俑博物馆，这是世界著名的考古发现，被誉为"世界第八大奇迹"。您可以近距离欣赏到秦代的陶俑，了解秦始皇陵的历史。

2. 中午：在兵马俑博物馆附近用餐。

3. 下午：游览华清池，华清池既是一处著名的温泉度假胜地，也是唐明皇和杨贵妃爱情故事的发生地。您可以在这里放松身心，享受温泉的舒适。

4. 晚上：结束愉快的西安之旅，返回酒店休息。

希望您在西安度过一个难忘的旅程，如需要调整，请随时告诉我。祝您旅途愉快！

根据用户的需求，系统精心策划了一份详尽的西安三天两晚游的行程，为用户提供旅行参考并激发旅行灵感。

4.2.2 案例：健身计划

讯飞星火指令集中的日常生活类功能，让用户能够轻松创建自己的健身计划，使个人健康管理变得简单易行。讯飞星火指令集不仅帮助用户高效地制订个性化的健身计划，还提供了贴心的注意事项和建议，确保用户的健身之旅既安全又高效。下面，我们来体验使用讯飞指令集创建健身计划的功能，具体操作步骤如下。

第1步 ▶ 选择"指令推荐"-"日常生活"选项，在页面中选择"健身计划"选项，单击"编辑执行"按钮，进入执行界面，如图4-19所示。

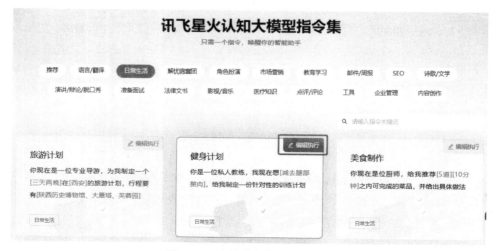

图4-19　选择"健身计划"选项

第2步　在弹出的菜单中，显示系统预设指令"你是一位私人教练，我现在想[减去腿部赘肉]，给我制订一份针对性的训练计划"，仅需修改"[ ]"里的内容，便可完成指令个性化设置，我们直接单击"去执行"按钮，使用默认设置的指令，如图4-20所示。

图4-20　单击"去执行"按钮

第3步　页面跳转至对话框界面，同时对话框中显示系统预设的指令，单击"发送"按钮，如图4-21所示。

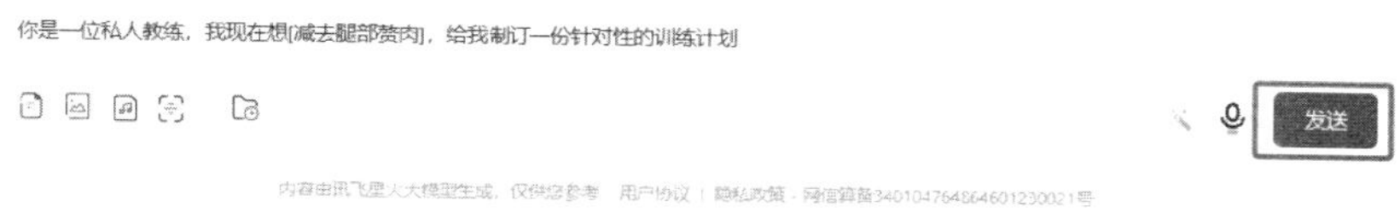

你是一位私人教练，我现在想[减去腿部赘肉]，给我制订一份针对性的训练计划

内容由讯飞星火大模型生成，仅供您参考　用户协议｜隐私政策　皖ICP备34010476490460123002T号

图4-21　单击"发送"按钮

第4步　系统回复内容如下。

以下是一份针对腿部减脂的训练计划，分为有氧运动和力量训练两大部分。请注意，在开始任何新的锻炼计划之前，强烈建议先咨询医生或专业教练，以确保您的锻炼方式符合个人身体状况及健康需求。

一、有氧运动

1.慢跑或快走：持续30～60分钟，每周进行3～5次。

2.跳绳：每周3次，每次15～20分钟。

3.游泳：每次30～45分钟，每周进行3～5次。

4.骑自行车：每次30～45分钟，建议每周3～5次。

二、力量训练

1.深蹲：进行3组，每组8～12次。

2.硬拉：进行3组，每组8～12次。

3.腿举：进行3组，每组8～12次。

4.站立小腿提升：进行3组，每组15～20次。

5.坐姿腿弯举或腿屈伸：进行3组，每组12～15次。

在进行力量训练时，务必使用适当的重量，并维持正确的姿势。若对某个动作的执行方法不确定，请务必寻求专业教练的指导，以避免受伤。

此外，要实现腿部减脂，良好的饮食习惯同样不可或缺。确保膳食中富含蛋白质、健康的脂肪以及复合碳水化合物，同时尽量减少糖分和加工食品的摄入。

为满足用户的减脂需求，系统制订了一份针对腿部的锻炼计划，旨在帮助用户获取专业的指导和建议，以达到腿部减脂的目标。

4.2.3 案例：美食制作

讯飞星火指令集的"美食制作"功能，专为美食爱好者打造，提供丰富的烹饪问答服务。无论你是初学者还是希望提升厨艺的美食爱好者，这里都有详细的菜谱步骤和专业技巧等着你。通过互动式的问答，能够实时解答你在烹饪过程中的各种疑问，并给出实用的建议，让美食制作过程不仅简单便捷，而且充满乐趣。现在，就让我们携手探索这个奇妙的烹饪世界，共同享受创造美食的乐趣吧！具体操作步骤如下。

第1步 选择"指令推荐"-"日常生活"选项，在页面中选择"美食制作"选项，单击"编辑执行"按钮，进入执行界面，如图4-22所示。

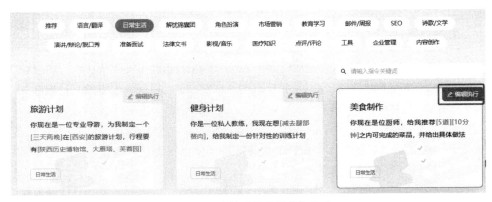

图4-22 选择"美食制作"选项

第2步 在弹出的菜单中，显示系统预设指令"你现在是一位厨师，给我推荐[5道][10分钟]之内可完成的菜品，并给出具体做法"，仅需修改"[ ]"里的内容，便可完成指令个性化设置，我们直接单击"去执行"按钮，使用默认设置的指令，如图4-23所示。

图4-23 单击"去执行"按钮

第3步 页面跳转至对话框界面，同时对话框中显示系统预设的指令，单击

"发送"按钮，如图4-24所示。

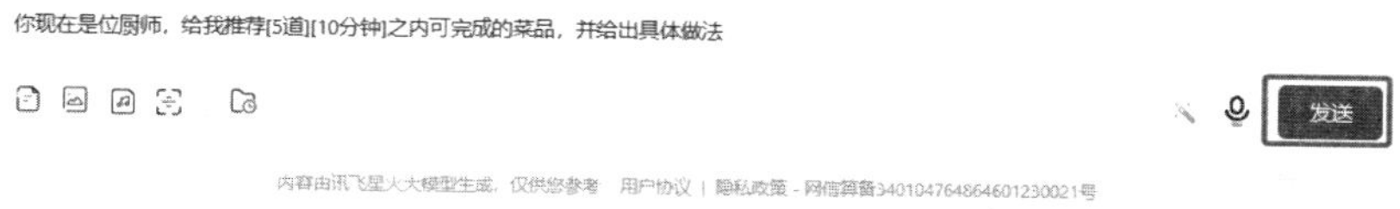

你现在是位厨师，给我推荐[5道][10分钟]之内可完成的菜品，并给出具体做法

内容由讯飞星火大模型生成，仅供您参考 用户协议 | 隐私政策 | 网信算备3401047648646012300021号

图4-24 单击"发送"按钮

第4步 系统回复内容如下。

作为厨师，我很高兴为您推荐5道简单快捷的菜品，它们都可以在10分钟内完成。这些菜品不仅美味可口，而且制作过程也非常简单。

1. 番茄炒蛋：

（1）材料：新鲜番茄3个、鸡蛋3个、盐、胡椒粉、油。

（2）做法：鸡蛋打散，加入少许盐和胡椒粉调味。热锅加油，倒入鸡蛋液，快速翻炒至基本凝固后盛出。锅中留底油，放入切块的番茄，加入少许糖提鲜，炒至番茄出汁。最后倒回炒好的蛋，快速翻炒均匀即出锅。

2. 黄瓜拌木耳：

（1）材料：小黄瓜一根、木耳适量、蒜末、酱油、香醋、香油、盐。

（2）做法：将木耳提前泡发，洗净后撕成小块，用开水焯烫后捞出沥干水分。黄瓜洗净切成薄片。将黄瓜、木耳放入碗中，加入蒜末、酱油、香醋、香油和盐拌匀即可食用。

3. 酸甜黄瓜：

（1）材料：小黄瓜3根、蒜瓣几粒、白糖、醋、盐、辣椒（可选）。

（2）做法：黄瓜洗净切成条状，加盐腌制5分钟后挤去多余水分。蒜瓣拍碎后与黄瓜条混合，加入白糖、醋和辣椒丝拌匀，放置片刻入味即可食用。

4. 意面沙拉：

（1）材料：意大利面适量、樱桃番茄、黄瓜、橄榄油、盐、黑胡椒粉、蜂蜜或糖。

（2）做法：在锅中加水煮沸，放入意大利面煮至8分熟，捞出冲凉备用。将樱桃番茄对半切开，黄瓜切片。将意大利面、番茄、黄瓜放入大碗中，加入橄榄油、盐、黑胡椒粉和蜂蜜拌匀即可。

5. 蒜蓉西兰花：

（1）材料：西兰花适量、蒜末、盐、橄榄油。

（2）做法：西兰花洗净切成小朵，用开水焯烫1～2分钟，捞出沥干水分。热锅加橄榄油，爆香蒜末，然后迅速加入西兰花快速翻炒，加少许盐调味后即可出锅装盘。

总之，这些都是简单易做的家常菜，不需要复杂的烹饪技巧，适合忙碌的日子里快速准备一顿美味的餐点。

系统依照用户的需求，提供了5道菜品的详细菜谱，为用户提供清晰的烹饪思路和实用的解决方案，让用户能够轻松在家享受烹饪的乐趣。

4.3 解忧锦囊团

讯飞星火指令集的"解忧锦囊团"功能，旨在提供专业的心理咨询和情感支持，是你情绪支持的贴心伴侣。无论你面临何种心情或情感困惑，都可以与讯飞星火进行深入的心理交流。倾诉你的烦恼，它将以专业的视角为你带来量身定制的建议和解决方案。这项功能通过模拟专业心理咨询师的交流模式，不仅可以为你提供一个安全的情感宣泄空间，还有助于心理舒缓和情感调整。现在，就让我们一起走进这个温暖的心灵驿站，体验这份专为心灵设计的关怀吧！

4.3.1 案例：人际关系导师

在人际交往的迷宫中，我们难免会遇到各种处理人际关系的困惑。讯飞星火指令集正是你的社交智慧指南，它能提供针对性的策略和建议，帮助你巧妙地应对各种社交场合。通过这个功能，你将能够更加自信地处理人际沟通中的复杂情况，无论是工作协作还是私人交往。现在，就让我们携手探索，用讯飞星火指令集开启一段全新的社交旅程，共同提升我们的人际互动技巧吧！具体操作步骤如下。

第1步 ▶ 选择"指令推荐"选项，在页面中选择"解忧锦囊团"选项，进入对应指令集界面，如图4-25所示。

图4-25 选择"解忧锦囊团"选项

第2步 ▶ 在页面中选择"人际关系导师"选项，单击"编辑执行"按钮，进入执行界面，如图4-26所示。

图4-26 选择"人际关系导师"选项

第3步 ▶ 在弹出的菜单中，显示系统预设指令"你现在是我的人际关系导师，我遇到的问题是[我与另一半的关系岌岌可危]，请给我有用的沟通技巧，让我们的关系能够稳步发展"，仅需修改"[ ]"里的内容，便可完成指令个性化设置，我们直接单击"去执行"按钮，使用默认设置的指令，如图4-27所示。

第4步 ▶ 页面跳转至对话框界面，同时对话框中显示系统预设的指令，单击"发送"按钮，如图4-28所示。

图4-27 单击"去执行"按钮

图4-28 单击"发送"按钮

第5步 ▶ 系统回复内容如下。

当关系面临挑战，变得岌岌可危时，掌握有效的沟通技巧显得尤为重要。以下是一些旨在帮助你与伴侣改善关系并促进双方稳步发展的沟通技巧。

1.倾听：真心倾听对方的感受与需求，而非仅仅等待自己的回应时刻。这要求你全神贯注，避免打断对方，并努力站在对方的角度去理解其观点。

2.非暴力沟通：借鉴马歇尔·卢森堡的非暴力沟通（NVC）模式，即表达自身感受与需求的同时，也充分尊重对方的感受与需求。

3.使用"我"语言：通过"我感觉……当……因为……我需要……"的句式来表达自己，避免直接指责对方，以减少对方的防御心理。

4.避免绝对化表述：慎用"总是""从不"等绝对化词汇，因为它们往往缺乏准确性，且易使对方产生被攻击的感觉。

5.情绪管理：情绪激动时，先冷静下来再进行有效沟通。可以通过深呼吸、短暂休息或参与放松活动来帮助自己恢复平静。

6.诚实与透明：对于自己的感受、想法和期望，应保持开放和诚实的态度，即使它们可能难以启齿。

7.寻求共同点：关注你们的共同目标与价值观，这有助于为解决问题找到共同的基础。

8.表达感恩：经常向对方表达感激之情，哪怕是对小事的感谢，也能增强关系的积极氛围。

9.设定边界：清晰表达自己的界限，并尊重对方的界限，这是建立相互尊重关系的重要一环。

10.寻求专业帮助：若你们无法自行解决问题，可以寻求专业帮助，如婚姻咨询或心理治疗。

11.定期检查关系：定期与对方进行关系检查，讨论彼此的满意度及任何需要改进的地方。

12.鼓励共同成长：支持对方的个人成长与发展，鼓励其追求自己的兴趣和职业目标。

请记住，改善关系需要时间、耐心以及双方的共同努力。通过运用这些沟通技巧，你们将能够更深入地理解彼此，有效解决冲突，共同构建一个更加稳固的伙伴关系。

系统提供了一系列有助于改善关系和促进稳定发展的沟通技巧，用户可以学习并应用这些技巧，从而更好地解决冲突，建立更加稳固和健康的伙伴关系。

4.3.2　案例：理财规划师

在现代生活中，理财规划已经成为一项重要的技能。然而，对于缺乏金融知识背景的人来说，如何进行合理的财务规划往往令人头疼。幸运的是，讯飞星火指令集中的"理财规划师"功能可以成为你的私人理财顾问，提供专业的财务指导和合理的规划建议。无须复杂的金融术语，它就能帮助你构建一个清晰可行的财务蓝图。现在，就让我们一起体验这个功能，开启一段理智而明智的理财之旅吧！具体操作步骤如下。

第1步 ▶ 选择"指令推荐"-"解忧锦囊团"选项，在页面中选择"理财规划师"选项，单击"编辑执行"按钮，进入执行界面，如图4-29所示。

第2步 ► 在弹出的菜单中，显示系统预设指令"你是我的理财规划师，我的财务情况是[有5万存款，每个月工资收入8000元]，请为我制定一份行之有效的理财规划，让我能够实现稳步的财务增长"，仅需修改"[ ]"里的内容，便可完成指令个性化设置，我们直接单击"去执行"按钮，使用默认设置的指令，如图4-30所示。

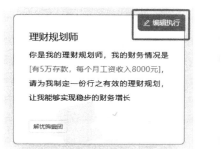

图4-29　选择"理财规划师"选项　　　　图4-30　单击"去执行"按钮

第3步 ► 页面跳转至对话框界面，同时对话框中显示系统预设的指令，单击"发送"按钮，如图4-31所示。

图4-31　单击"发送"按钮

第4步 ► 系统回复内容如下。

一、理解个人财务状况

1.审视现有存款

您当前持有的5万元存款，既是您的紧急备用金，也是投资启动的基础。请评估这笔存款的安全性、流动性及收益率，确保在紧急情况下能够迅速调用。考虑将部分资金转入高息储蓄账户或短期理财产品，以提高资金使用效率。

2.月收入剖析

每月8000元的薪资是您的主要收入来源。请详细分析薪资构成，包括基本工资、奖金、补贴等，以便精确地规划预算。同时，确定净收入，即扣除税费后的实际到手金额，这是您可用于日常开支、储蓄及投资的资金。

3.支出审查

列出所有固定支出（如房租、水电费、交通费、保险费等）和可变支出（如餐饮、娱乐、购物等），以便进行优化和控制。审视并调整支出习惯，削减非必要开销，为储蓄和投资创造空间。

4.设定财务目标

明确您的短期、中期及长期财务目标，如建立紧急基金、购车、购房、退休规划等。为每个目标设定具体的时间表和所需金额，并制订切实可行的步骤和计划，逐步实现这些目标。

二、构建紧急基金

1.紧急基金的重要性

紧急基金是应对突发事件（如医疗紧急情况、失业等）的经济保障，能够避免因紧急情况而陷入借贷困境或破坏原有投资计划。建议紧急基金至少能覆盖3～6个月的生活费用。

2.计算紧急基金规模

根据您的月支出情况（假设每月生活费用为6000元），紧急基金应在1.8万～3.6万元之间。考虑职业稳定性、个人健康状况等因素，可适当增加紧急基金的规模。

3.紧急基金配置策略

将紧急基金存放于高流动性的账户中，如活期存款或货币市场基金，确保在需要时能够迅速取用。同时，考虑通货膨胀因素，可将部分资金投资于短期债券或定期存款，以平衡流动性和收益性。

三、预算管理

1.制定月度预算

基于月收入8000元，首先扣除固定支出（假设为3000元），预留1500元用于食品和日用品开支（可根据实际情况调整），分配1000元用于健康保险等必要保险费用。剩余2500元可用于储蓄、投资和娱乐等其他支出。

2.控制非必要支出

限制娱乐和休闲活动的支出，如设定每月娱乐预算为500元。审视购物习惯，避免冲动消费，制定购物清单并坚持购买必需品。利用优惠券、打折信息等减少开销。

3.提升收入潜力

考虑通过兼职、加班或寻找更高薪的工作来增加收入。提升个人技能或学习新技能，以提高职场竞争力和薪资谈判能力。

四、债务管理

1.评估债务状况

列出所有现有债务，如信用卡债务、个人贷款、学生贷款等，并记录各自的利率、还款期限及最低还款额。评估偿还能力。

2. 制订还款计划

优先偿还高利率债务，以减少利息支出。采用雪球法（先还小额债务）或雪崩法（先还高利率债务）制订还款计划。设定具体的还款目标和时间表。

3. 避免债务累积

制定严格的消费预算，避免不必要的信用卡消费和贷款。使用现金或借记卡进行日常消费，以控制支出。定期检查信用报告。

五、投资规划

1. 了解投资工具

研究股票、债券、基金、房地产等投资选项，了解每种投资工具的风险和回报特性。

2. 分散投资以降低风险

构建多元化的投资组合，根据风险承受能力确定资产配置比例。

3. 选择合适的投资产品

根据财务目标和时间范围，选择适合的投资产品。初学者可考虑投资于低成本的指数基金等。

六、保险规划

1. 评估保险需求

分析个人和家庭的保险需求，包括健康保险、寿险、意外伤害保险和财产保险等。根据收入水平、财务责任、现有资产和负债情况确定保险额度。

2. 选择保险产品

根据评估结果选择合适的保险类型和保额。比较不同保险公司的产品和报价。

3. 定期审查保险计划

随着个人情况的变化，定期审查保险计划以确保其符合当前需求。

七、退休规划

1. 估算退休所需资金

根据预期的退休生活方式和预计寿命，估算退休后所需的总资金。考虑通货膨胀因素。

2. 考虑退休账户选项

了解并利用雇主提供的退休计划（如企业年金），考虑开设个人退休账户。

3. 设定定期投资计划

尽早开始定期投资，利用复利效应增长退休储蓄。根据个人情况设定投资金额和期限。

系统针对用户需求，提供了综合的财务规划指南，旨在增强用户的个人财务意识和技能，从而协助他们更有效地管理和增值资产。

4.3.3 案例：应急专家

在紧急情况下，缺乏必要的常识和经验往往会让我们感到无助。讯飞星火指令集中的"应急专家"功能正是为此类情况而设计的，它能够为用户提供关键的应对指南和行动建议，确保用户在面对突发事件时能够迅速做出反应。通过跟随其指南行动，我们不仅可以储备重要的应急知识，还能提高处理突发状况的能力，从而保护自己和他人的生命财产安全。现在，就让我们投入时间和注意力，学习和准备这些至关重要的应急措施吧！具体操作步骤如下。

第1步 ▶ 选择"指令推荐"–"解忧锦囊团"选项，在页面中选择"应急专家"选项，单击"编辑执行"按钮，进入执行界面，如图4-32所示。

第2步 ▶ 在弹出的菜单中，显示系统预设指令"我希望你是我的应急处理专家，请告诉我[突发地震]时，我应该如何应急？"，仅需修改"[ ]"里的内容，便可完成指令个性化设置，我们直接单击"去执行"按钮，使用默认设置的指令，如图4-33所示。

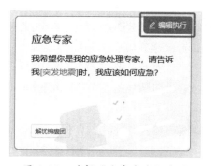
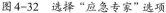

图4-32 选择"应急专家"选项　　图4-33 单击"去执行"按钮

第3步 ▶ 页面跳转至对话框界面，同时对话框中显示系统预设的指令，单击"发送"按钮，如图4-34所示。

图4-34 单击"发送"按钮

第4步 ▶ 系统回复内容如下。

当发生突发地震时，采取正确的应急措施至关重要。以下是一些建议来帮助您在地震发生时保护自己和他人的生命财产安全。

1. 保持冷静：尽量保持冷静，避免恐慌。这有助于您做出明智的决策并采取适当的行动。

2. 寻找避难所：迅速找到一个安全的地方躲避，如桌子下、门框旁或其他坚固的家具旁边。避免靠近窗户、玻璃、悬挂物及其他可能掉落的物体。

3. 保护头部：用手护住头部，以减轻可能的撞击伤害。如果没有合适的掩护物，可以蹲下并用双手抱头和护颈。

4. 远离危险区域：尽量避免进入可能倒塌的建筑或结构，如桥梁、隧道等。远离电线杆、燃气管道等潜在危险源。

5. 关闭电源和燃气：如果条件允许且安全，关闭家中的电源和燃气阀门，以防止火灾和爆炸事故。

6. 注意余震：地震后可能会发生余震，因此请继续关注地震警报系统的信息，并做好准备应对余震。

7. 保持通信畅通：确保与家人和朋友保持联系，让他们知道您的安全状况。在紧急情况下，手机信号可能会受到影响，因此提前制订好应急通信计划是很重要的。

8. 遵循当地政府的指示：密切关注当地政府发布的地震警报和指示，按照相关要求采取行动。

请注意，以上建议仅供参考。在实际操作中，请根据具体情况灵活调整。最重要的是保持冷静，迅速采取措施以确保自己和他人的生命和财产安全。

系统提供了实用的指导，使用户能够在地震发生时采取正确和有效的行动，帮助用户在紧急情况下保护自己和他人的生命和财产安全，最大限度地减少伤害和损失。

4.4　市场营销

讯飞星火市场营销类指令集，是用户展开和优化市场营销的强大助力。它全面覆盖了从内容创作、市场推广到品牌建设的各个环节，提供了一系列的实用指令，以满足用户在营销领域的多元化需求。通过这些指令，用户可以轻松制定营销策略，高效执行计划，全面管理营销活动。这一站式的营销解决方案旨在简化复杂的营销流程，使用户能够更加专注于创新和战略决策，从而推动业务的增长和发展。让我们利用讯飞星火指令集，将营销潜能转化为实实在在的业绩成果。

4.4.1 案例：活动方案

在市场营销的广阔舞台上，策划出独具匠心的活动方案是活动成功的核心。讯飞星火指令集作为用户的营销伙伴，支持用户从多角度出发，精心策划市场营销活动。借助讯飞星火活动方案指令，用户可以更加轻松、高效地策划和实施营销活动，确保活动的顺利进行，并助力活动取得预期的成功效果。让我们一起运用这些强大的工具，释放市场营销的无限潜能，共创佳绩。具体操作步骤如下。

第1步 ▶ 选择"指令推荐"选项，进入页面，选择"市场营销"选项，进入对应指令集界面，如图4-35所示。

图4-35　选择"市场营销"选项

第2步 ▶ 在页面中选择"活动方案"选项，单击"编辑执行"按钮，进入执行界面，如图4-36所示。

图4-36　选择"活动方案"选项

第3步 ▶ 在弹出的菜单中，显示系统预设指令"你现在是一个活动企划，公司要举办[新品发布会]，请制定一份详细的活动方案，包括活动主题、时间点、流程、人员安排、预算"，仅需修改"[ ]"里的内容，便可完成指令个性化设置，我们直接单击"去执行"按钮，使用默认设置的指令，如图4-37所示。

图 4-37　单击"去执行"按钮

第4步 ▶ 页面跳转至对话框界面，同时对话框中显示系统预设的指令，单击"发送"按钮，如图 4-38 所示。

图 4-38　单击"发送"按钮

第5步 ▶ 系统回复内容如下。

全面活动方案：［新品发布会］的策划与执行

一、引言

在快速变化的市场环境中，产品的创新和推广是企业持续发展的关键。为了确保我们的新产品能够有效地进入市场并吸引目标客户，我们计划举办一场具有影响力的新品发布会。本方案旨在细化活动的各个环节，确保每个步骤都经过精心策划和周密考虑，以实现最佳的宣传效果和市场反响。

二、活动主题定位

1. 主题创意与确定

新品发布会的主题需体现产品特性，同时要富有吸引力和记忆点，以便在潜在客户心中留下深刻印象。考虑到我们的产品特点和市场定位，我们提出以下主题："未来触手可及——［产品名称］新品发布"。该主题旨在传达产品的前瞻性和创新性，强调其将如何改善用户的日常生活和工作方式。

2. 主题与品牌形象结合

我们一直致力于通过科技创新推动生活品质的提升。因此，发布会的主题应与品牌形象紧密结合，展现我们对技术和用户体验的持续追求。"未来触手可及"不仅是一个吸引人的标语，也代表了我们品牌的核心价值——不断探索，勇于创新。通过这样的主题设定，我们能够加强公众对我们品牌理念的理解和认同，为产品上市打下坚实的品牌基础。

三、时间点安排

1. 活动日期选择

为确保最大影响力，新品发布会的日期需选择在行业内相对平静的时期，避开其他大型活动和公共假期。综合考虑产品开发进度和市场因素，我们拟定在下个月的第三周的周四举行发布会，具体日期为××月××日。

2. 时间规划与日程设置

发布会的流程应紧密且有序，保证信息的充分交流和参与者的积极参与。我们将活动开始时间定于下午3点，预计整个活动持续时间为3小时，包括签到、演讲、展示、互动和结束环节。具体日程将在后续的活动流程部分详细说明。

四、活动流程设计

1. 开场环节

（1）签到接待：从下午2点开始，时间为1小时，我们将在会场入口处设立签到台，由专人负责引导嘉宾签到并提供活动资料包。

（2）欢迎致辞：活动正式开始后，由公司高管发表欢迎致辞，对参加发布会的嘉宾表示欢迎，并对公司的愿景和目标做简要介绍。

2. 主题发布环节

（1）新品介绍：由产品经理详细介绍新产品的功能、特色及市场定位，辅以PPT和视频材料，使信息传递更加直观生动。

（2）嘉宾分享：邀请行业内的知名人士上台分享他们对新产品的看法和期望，增加发布会的权威性和影响力。

3. 互动体验环节

（1）现场演示：设置专区供嘉宾亲自体验新产品，同时由工作人员进行操作演示，解答嘉宾的疑问。

（2）观众提问：开放现场提问环节，鼓励嘉宾提出问题，由相关领域的专家团队现场回应，增强互动性。

4. 结束环节

（1）感谢致辞：在活动接近尾声时，由公司代表上台致谢，对所有支持和参与发布会的嘉宾表示感谢。

（2）媒体采访：为媒体代表提供专区进行采访，给予他们足够的时间和空间对重要人物进行深入访谈。

以上流程旨在确保发布会各环节顺畅衔接，高效传递信息，同时为嘉宾提供充分的互动机会，加深对新产品的印象。

五、人员安排计划

1. 组织架构概述

为了确保新产品发布的顺利进行，我们将建立一个由项目经理领导的多功能团队，包括活动策划人员、市场营销人员、客户服务代表、技术支持人员及后勤保障人员。各团队成员将根据其专业技能被分配到相应的职责岗位。

2. 关键岗位职责划分

项目经理：负责整体活动的策划、协调和执行，确保所有环节按计划进行。

活动策划人员：负责设计和落实活动流程、场景布置及特殊效果的实施。

市场营销人员：负责宣传推广、媒体关系维护及后续的市场反馈分析。

客户服务代表：负责接待嘉宾、处理现场问询和协助媒体采访的组织工作。

技术支持人员：负责现场设备的准备、调试，确保技术运行无误。

后勤保障人员：负责会场的安全、餐饮服务和其他后勤支持工作。

3. 志愿者及辅助人员配置

除核心团队外，我们还将招募一批志愿者来支持活动的进行。志愿者主要负责指引嘉宾入座、发放资料包、协助现场秩序维护等工作。

六、场地与设备准备

1. 场地选择与布置

考虑到发布会的规模和性质，我们将选择一个能容纳预估人数并具备高端设施的会议中心作为活动场地。场地布置将围绕活动主题进行，使用品牌色彩和元素来营造氛围，并确保有足够空间用于产品展示和互动体验区。

2. 技术设备清单与检验

为了保障发布会的顺利进行，我们将提前准备一份详细的技术设备清单，包括但不限于音响系统、投影仪、照明设备、麦克风及备用设备等。所有设备将在活动前进行全面测试，确保其功能正常，避免技术故障影响发布会进程。我们也将有快速响应的技术团队在现场，以应对可能出现的突发情况。

七、宣传推广策略

1. 前期宣传计划

为确保新品发布会吸引广泛的关注，我们将实施多渠道的前期宣传策略，包括社交媒体营销、电子邮件营销、合作伙伴渠道宣传及与行业媒体的合作等。我们将创建一系列预热内容，比如预告片、产品预览图和引人入胜的故事片段，以激发潜在客户的兴趣和期待。此外，我们会提前发送新闻稿给主流媒体，邀请他们参加发布会并进行报道。

2. 活动现场直播安排

为了扩大活动的影响范围，我们计划通过官方网站和社交媒体平台对发布会进行现场直播，让无法亲临现场的人也能够实时参与进来。我们会提前在各大平台上宣传直播的时间和链接，确保在活动当天有足够的在线观众。

3. 后期媒体跟进计划

发布会结束后，我们会及时整理现场照片、视频和重要发言内容，制作成新闻资料包分发给参会媒体及相关博客作者。我们也会主动联系媒体，了解报道情况，并协助他们解决在报道过程中可能遇到的问题。此外，我们将监控媒体报道的效果，并据此调整后续的市场推广策略。

八、预算编制

1. 费用项目分类与预算控制

将根据不同的费用项目对预算进行分类管理，主要包括场地租赁费、设备租赁费、宣传推广费、人力资源费、物料制作费和意外费用等。每一项费用都将根据市场行情和实际需求进行合理估算，并设有上限以控制总体支出。

2. 预算表详细编制与审核流程

我们将详细编制一份预算表，列明每项费用的具体数额、用途和支付时间点。预算表将提交给财务部门和项目管理团队进行审核，确保资金的合理分配和使用效率。任何超出预算的开支都需要得到项目管理团队的批准。此外，我们会设立一定比例的预备金，用于应对不可预见的费用支出。预算的执行情况将在活动结束后进行评估，以作为未来活动预算制定的参考。

九、风险评估与应急预案

1. 风险因素识别与评估

在策划新品发布会的过程中，我们已经识别了多个潜在的风险因素，包括技术故障、不利天气条件、供应商违约、安全问题以及紧急状况等。针对每一种风险，我们进行了概率和影响程度的评估，从而确定了需要优先制定应对措施的风险点。

2. 应急预案制定与演练

基于评估结果，我们制定了详尽的应急预案。例如，为防止技术故障，我们将准备相关备用的设备以及快速修复的技术支持团队；为应对不利天气，我们会选择室内场地并准备必要的物资；对于供应商违约的风险，我们会与多家供应商建立合作关系以确保服务和物资的供应。此外，我们还将对全体工作人员进行应急预案的培训和演练，确保在紧急情况下可以迅速而有效地响应。

十、总结与展望

1. 活动成效回顾

在活动结束后，我们将收集数据和反馈来评估发布会的成效，包括参与人数、媒体报道量、社交媒体互动次数、产品预订量等关键指标。这些数据将帮助我们了解活动的优势和不足之处，为未来的营销活动提供宝贵的经验和教训。

2. 未来发展建议与改进措施

根据活动成效的评估结果，我们将提出针对性的建议和改进措施。例如，如果发现某个宣传渠道的效果不理想，我们可能会调整营销策略或尝试新的渠道；如果现场互动环节反响热烈，我们可能会在未来的活动中增加更多类似的元素。我们致力于不断优化活动策划流程，提升品牌影响力，并推动产品的成功上市和市场占有率的增长。

系统提供了完整的方案框架，帮助企业规划和执行新品发布会，从而有效地推广新产品，提升品牌影响力，促进市场销售，实现企业的发展目标。

4.4.2 案例：产品描述

在市场营销的纷繁舞台上，精准而吸引人的产品描述是抓住消费者心智、驱动购买行为的重要法宝。讯飞星火指令集，赋能用户以文字的魅力描绘产品的独特卖点，从而显著提高产品的吸引力和销售转化率。依托讯飞星火指令集的市场营销利器，用户能够创作出更具生动性和感染力的产品描述，极大地增强产品的市场竞争力，推动销售业绩的持续增长。让我们借助这一工具，将产品的故事讲述得淋漓尽致，共同开启市场营销的新篇章。具体操作步骤如下。

第1步 ▶ 选择"指令推荐"-"市场营销"选项，在页面中选择"产品描述"选项，单击"编辑执行"按钮，进入执行界面，如图4-39所示。

第2步 ▶ 在弹出的菜单中，显示系统预设指令"你现在是一名电商运营，现在要为[办公本]写一篇产品描述，要求想出[5]个独特的卖点，文字简洁有吸引力"，仅需修改"[ ]"里的内容，便可完成指令个性化设置，我们直接单击"去执行"按钮，使用默认设置的指令，如图4-40所示。

图4-39 选择"产品描述"选项

图4-40 单击"去执行"按钮

第3步 ▶ 页面跳转至对话框界面，同时对话框中显示系统预设的指令，单击"发送"按钮，如图4-41所示。

图4-41 单击"发送"按钮

第4步 ▶ 系统回复内容如下。

产品标题：【办公本——高效办公的智能伙伴】
产品描述：

1. 一触即达的效率：我们的办公本采用了最新的快速响应技术，确保每一次触摸都能迅速且准确地反馈，让您的工作流畅无阻，提升工作效率。

2. 续航时间超长：告别频繁充电的烦恼，办公本搭载了大容量电池，一次充满电可支持长达数天的高强度使用，无论是出差在外，还是长时间会议，它都是您可靠的工作伙伴。

3. 极致轻薄设计：我们追求的是便携与舒适的完美结合。办公本的轻薄设计不仅便于携带，还保证了足够的坚固性，无论是在咖啡店、图书馆还是办公室，它都能轻松应对各种工作环境。

4. 高清晰度视野：配备高分辨率显示屏，为您呈现清晰细腻的文字和图像，有效减少视觉疲劳，无论是处理文档，还是进行演示，它都能提供最佳的视觉体验。

5. 安全性能卓越：内置先进的安全保护系统，包括生物识别解锁和数据加密功能，确保您的工作资料和个人隐私得到严格保护，让您用得安心，工作更专注。

结语：选择办公本，让工作变得更加高效、轻松。立即下单，开启您的智能办公新时代！

系统提供了一份具体的产品描述，向客户传达产品信息，吸引潜在客户的注意力，并增强他们对产品的信心和兴趣，从而提高产品的销售量和市场竞争力。

4.4.3 案例：用户调研

在市场营销领域，深入且精准的用户调研是成功的基石。一个高效且合理的市场调研方案能够直接影响销售业绩的成败。讯飞星火为用户提供了一系列精心设计的指令，旨在帮助用户快速构建和执行针对性强、效果显著的市场调研计划。通过这些指令，用户可以轻松地完成关键信息的收集与分析，确保用户的市场策略直击核心，有效应对消费者需求和市场变化。现在，就让我们体验如何通过专业的市场调研来优化营销决策，进而推动业务增长。具体操作步骤如下。

第1步 ▶ 选择"指令推荐"-"市场营销"选项，在页面中选择"用户调研"选项，单击"编辑执行"按钮，进入执行界面，如图4-42所示。

第2步 ▶ 在弹出的菜单中，显示系统预设指令"你现在是一位营销经理，针对公司的[保温杯]产品，写一份用户调研报告，分析这款产品的受众群体、他们的痛点及应采取什么营销策略"，仅需修改"[ ]"里的内容，便可完成指令个性化设置，我们直接单击"去执行"按钮，使用默认设置的指令，如图4-43所示。

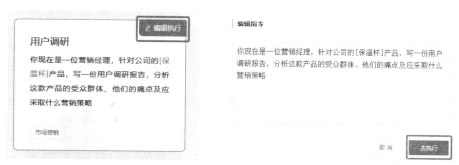

图 4-42　选择"用户调研"选项　　　　　　图 4-43　单击"去执行"按钮

第3步　页面跳转至对话框界面，同时对话框中显示系统预设的指令，单击"发送"按钮，如图4-44所示。

图 4-44　单击"发送"按钮

第4步　系统回复内容如下。

标题：深度用户调研报告——保温杯市场细分与营销策略建议

1. 引言

本报告旨在深入分析公司旗下保温杯产品的市场定位、目标受众群体及用户需求，以期为产品营销提供有力的数据支持和策略指导。在竞争日益激烈的保温杯市场，准确把握消费者的需求变化和行为特征，对于制订有效的市场推广计划至关重要。通过本次用户调研，我们期望揭示潜在客户的核心痛点，并据此优化产品设计和服务流程，进一步提升用户体验。

2. 受众群体分析

经过对市场的细致研究，我们的保温杯产品主要面向以下几类受众群体：户外运动爱好者、办公室职员、学生及健康生活倡导者。这些群体在选择保温杯时有着不同的需求和偏好，因此了解他们的具体特点对我们的产品定位和市场营销至关重要。

3. 受众痛点识别

针对上述受众群体，我们识别出以下几个主要痛点：

（1）功能性需求：户外运动爱好者强调保温效果持久、杯体耐摔撞，而办公室职员则更看重保温杯的密封性和便捷性。

（2）设计审美：学生群体倾向于选择时尚、个性化的设计，健康生活倡导者则偏好简约、环保的设计理念。

（3）价格敏感度：所有群体都在一定程度上关注产品的价格，尤其是学生群体，他们更倾向于性价比高的产品。

（4）品牌认知：品牌的知名度和其塑造的正面形象对于提高消费者信任感至关重要。

4. 营销策略建议

（1）定制化服务：为了满足不同受众群体的个性化需求，我们可以推出定制服务，如颜色选择、图案印制等，以增强产品的吸引力。

（2）强化功能宣传：在营销推广中突出保温杯的核心功能，如超长保温时间、一键开启等，以满足消费者的功能性需求。

（3）设计系列化：开发多个设计系列，针对不同的审美偏好和生活方式的消费者，如运动系列、商务系列、校园系列等，以覆盖更广泛的市场。

（4）价格策略灵活：采用多层次定价体系，提供从经济型到高端型的产品线，满足不同消费能力的用户需求。

（5）品牌建设：加强品牌形象塑造和宣传，通过参与社会责任项目和环保行动，展现品牌价值，提升品牌社会认知度。

5. 结论

综合用户调研数据，我们的保温杯产品应聚焦于提升产品的功能性和设计感，同时通过灵活的价格策略和积极的品牌建设，以满足不同受众群体的需求。通过实施这些营销策略，我们有望在竞争激烈的市场中占据一席之地，实现产品的持续增长和品牌的长远发展。

系统为公司制定营销策略提供了具体的建议和方向，能够帮助公司更好地捕捉市场需求，提升产品竞争力，实现品牌的长远发展。

4.5 教育学习

讯飞星火指令集在教育教学领域展现了卓越的多功能性，为教育工作者和学习者带来了更加智能化与便捷化的教学辅助功能。这一先进的指令集在教育教学方面提供了全面的支持，极大地提高了教师的教学效率，同时为学生开辟了一条更高效学习和成长的路径。借助讯飞星火指令集，我们能够以创新的科技手段，激发教学潜能，点燃学习的火花，共同推动教育的未来发展。

4.5.1　案例：课程设计

在教育教学的广阔天地中，讯飞星火指令集以其丰富而全面的指令，为课程构思、教学规划及活动管理提供了坚实的支撑。教育工作者可以借助讯飞星火指令集的教育教学指令，以前所未有的效率进行课程设计和教学活动的实施，从而显著提升教育教学的品质和成效。现在，就让我们模拟教师的角色，一起探索如何运用这套指令集进行高效、系统的课程设计。具体操作步骤如下。

第1步 ▶ 选择"指令推荐"选项，进入页面后，选择"教育学习"选项，进入对应指令集界面，如图4-45所示。

图4-45　选择"教育学习"选项

第2步 ▶ 在页面中选择"课程设计"选项，单击"编辑执行"按钮，进入执行界面，如图4-46所示。

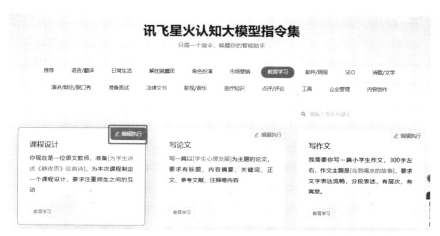

图4-46　选择"课程设计"选项

第3步 ▶ 在弹出的菜单中，显示系统预设指令"你现在是一位语文教师，准备[为学生讲述《静夜思》这首诗]，为本次课程制定一个课程设计，要求注重师生之间的互动"，仅需修改"[ ]"里的内容，便可完成指令个性化设置，我们直接单击"去执行"按钮，使用默认设置的指令，如图4-47所示。

图 4-47　单击"去执行"按钮

第4步 ● 页面跳转至对话框界面，同时对话框中显示系统预设的指令，单击"发送"按钮，如图4-48所示。

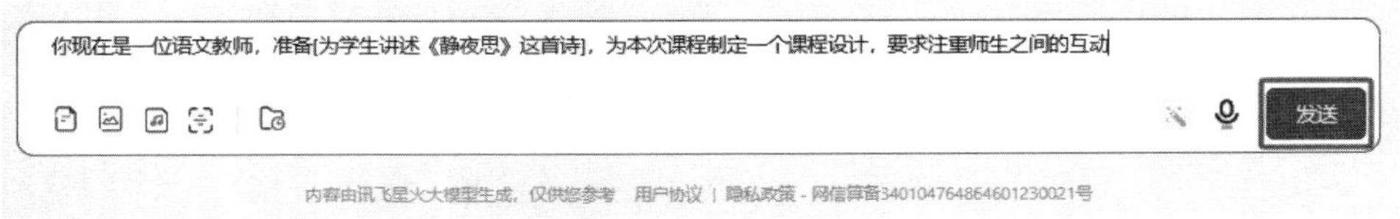

图 4-48　单击"发送"按钮

第5步 ● 系统回复内容如下。

课程名称：《静夜思》诗歌欣赏与分析

课程目标：

1. 理解《静夜思》的基本内容和所营造的意境。

2. 学习并掌握《静夜思》的艺术特色和语言魅力。

3. 培养学生的想象力和创造力，激发学生对古典诗歌的兴趣。

4. 通过师生互动，提高学生的思辨能力和语言表达能力。

课前准备：

1. 教师准备《静夜思》的背景资料及作者李白的简介。

2. 学生预习《静夜思》，了解其基本内容。

课程流程：

一、导入（5分钟）

1. 教师展示一张夜晚的图片，引导学生描述夜晚的景象，营造氛围。

2. 教师简要介绍李白和唐代诗歌的特点。

二、朗读诗歌（5分钟）

1. 教师朗读《静夜思》，让学生感受诗歌的韵律和情感。

2. 学生跟读，注意语调和停顿。

三、分析诗歌（15分钟）

1. 教师提问："《静夜思》中有哪些词语或句子让你印象深刻？为什么？"

2. 学生分组讨论，每组选出一位代表分享讨论结果。

3. 教师总结学生的发言，并补充诗歌的语言特点和修辞手法。

四、深入探讨（10分钟）

1. 教师提问："诗中的'床前明月光'和'举头望明月'有什么不同？诗人为何会有这样的情感变化？"

2. 学生思考后自由发言，教师适时点拨。

五、创意表达（10分钟）

1. 教师邀请学生用自己的方式，表达对《静夜思》的理解，可以是绘画、现代诗歌、短剧等形式。

2. 学生展示作品，其他学生进行评价和讨论。

六、总结反馈（5分钟）

1. 教师总结学生的学习成果，强调诗歌鉴赏的方法和技巧。

2. 学生填写课堂反馈表，对本次课程进行评价。

七、课后作业

1. 学生背诵《静夜思》。

2. 选择一种艺术形式，创作以《静夜思》为主题的作品。

注意事项：

1. 整个课程要注重师生互动，鼓励学生积极发言，尊重每个学生的意见。

2. 教师应适时给予肯定和鼓励，激发学生的学习热情。

3. 课堂上要保持轻松愉快的氛围，让学生在享受诗歌美的同时，能够自由地表达自己的想法。

系统提供的课程设计方案，不仅明确了课程目标，还提供了课前准备、课程流程、课后作业、注意事项等方面的详细安排，为教师开展教学工作提供了重要的参考和指导。

4.5.2　案例：撰写论文

在教育教学的学术领域，论文撰写不仅是研究探索的基石，更是知识传承与分享的重要渠道。讯飞星火指令集搭载了一系列功能强大的工具，旨在辅助用户创作出符合学术标准和专业要求的教育教学论文。利用讯飞星火指令集的专业写作工具，用户可以更加轻松地创作出高品质的学术论文，从而有效推动学术交流的深入和知识的广泛传播。接下来，让我们通过实际的论文写作流程来体验这一强大的指令功能。具体操作步骤如下。

第1步 ▶ 选择"指令推荐"-"教育学习"选项，在页面中选择"写论文"选项，单击"编辑执行"按钮，进入执行界面，如图4-49所示。

图4-49　选择"写论文"选项

第2步 ▶ 在弹出的菜单中，显示系统预设指令"<u>写一篇以[学生心理发展]为主题的论文，要求有标题、内容摘要、关键词、正文、参考文献、注释等内容</u>"，仅需修改"[ ]"里的内容，便可完成指令个性化设置，我们直接单击"去执行"按钮，使用默认设置的指令，如图4-50所示。

图4-50　单击"去执行"按钮

第3步 ▶ 页面跳转至对话框界面，同时对话框中显示系统预设的指令，单击"发送"按钮，如图4-51所示。

图4-51　单击"发送"按钮

第4步 ▶ 系统回复内容如下。

> 标题：学生心理发展研究
>
> 摘要：
>
> 　　本研究旨在探讨学生心理发展的多维性及其影响因素，分析不同年龄阶段学生的心理特点，并针对如何促进学生心理健康提出策略。通过文献综述和实证研究，本文揭示了家庭环境、教育模式、社会文化等因素对学生心理发展的深远影响，并讨论了

个体差异在心理发展中的作用。此外，论文还提出了一系列针对性的教育实践建议，旨在帮助教育工作者和家长更好地理解和支持学生的心理成长。

关键词：学生心理发展；家庭环境；教育模式；社会文化；个体差异；教育实践

正文：

引言：

随着社会的不断进步和发展，学生心理健康问题日益受到社会各界的关注。学生心理发展是其个人成长的重要组成部分，它关系到学生的学习效率、人际关系及未来的社会适应能力。因此，深入研究学生心理发展的特点和影响因素，对于制定有效的教育政策和家庭教育策略具有重要意义。

一、学生心理发展的理论框架

本部分将介绍心理发展的基本理论，包括弗洛伊德的精神分析理论、埃里克森的心理社会发展理论、皮亚杰的认知发展理论等，为后续的研究提供理论基础。

二、学生心理发展的年龄特点

本部分将详细分析不同年龄阶段学生的心理特点，从儿童期到青少年期，再到成年初期，每个阶段的心理发展任务和可能面临的挑战都将被讨论。

三、影响学生心理发展的因素

本部分将探讨家庭环境、教育模式、社会文化等外部因素对学生心理发展的影响，同时也会考虑个体差异如性格、智力水平等内在因素的影响。

四、促进学生心理发展的教育实践

基于前文的分析，本部分将提出具体的教育实践建议，包括如何在家庭和学校中创造有利于学生心理发展的环境，以及如何通过课程设计和教学方法的创新来促进学生的心理成长。

结论：

学生心理发展是一个复杂的过程，受到多种因素的影响。通过本研究的深入分析，我们可以更好地理解学生在不同发展阶段的心理需求，从而采取有效的教育措施，帮助他们健康成长。

参考文献

1. Freud, S. (1920). Beyond the Pleasure Principle. SE, 18: 1-64.

2. Erikson, E. H. (1950). Childhood and Society. W. W. Norton & Company.

3. Piaget, J. (1954). The Construction of Reality in the Child. Basic Books.

4. Vygotsky, L. S. (1978). Mind in Society: The Development of Higher Psychological Processes. Harvard University Press.

5. Bronfenbrenner, U. (1979). The Ecology of Human Development:

Experiments by Nature and Design. Harvard University Press.

注释：

1. 所有引用的文献均应确保其准确性和时效性，以便读者进一步研究和验证。

2. 在实证研究中使用的调查问卷、访谈记录等原始资料应妥善保存，以备后续查证。

3. 研究过程中涉及的数据分析应采用科学的统计方法，确保结果的可靠性。

以上描述已经很完整了，但如果需要进一步润色，我可以为您添加一些词语和短语来增强表达的流畅性和专业性。

系统提供了一份学生心理发展研究的详细内容，这些内容在提供研究内容、框架和支持的同时，也提供了理论和实证研究的基础，为学者和从业者在学生心理发展领域的研究和实践提供了重要参考。

4.5.3 案例：学习技巧

讯飞星火指令集在教育教学领域展现了其独特的价值，为用户带来了一系列功能和学习技巧，极大地提高了学习的效率与成效。通过充分利用讯飞星火指令集所提供的学习技巧指令，用户能够以更科学、更高效的方式开展学习活动，从而取得更为显著的学术进步。现在，就让我们一同探索如何利用这些学习技巧，优化我们的学习过程，共同开启一段全新的学习旅程。具体操作步骤如下。

第1步 ▶ 选择"指令推荐"–"教育学习"选项，在页面中选择"学习技巧"选项，单击"编辑执行"按钮，进入执行界面，如图4-52所示。

第2步 ▶ 在弹出的菜单中，显示系统预设指令"你非常聪明，有很多学习技巧，请告诉我[5]个关于[学好高中物理]的学习技巧"，仅需修改"[ ]"里的内容，便可完成指令个性化设置，我们直接单击"去执行"按钮，使用默认设置的指令，如图4-53所示。

图4-52 选择"学习技巧"选项

图4-53 单击"去执行"按钮

第3步 ▶ 页面跳转至对话框界面，同时对话框中显示系统预设的指令，单击
"发送"按钮，如图4-54所示。

图4-54　单击"发送"按钮

第4步 ▶ 系统回复内容如下。

　　学好高中物理需要一些特定的策略和技巧。以下是5个有助于提高物理学习效率的
技巧：

　　1. 理解而非死记硬背

　　物理学是一门基于概念的科学，理解物理定律和原理比死记硬背更为重要。投入
时间去理解每个物理概念背后的原理，以及它们是如何相互关联的。一旦你理解了这
些概念，解决问题就会更加直观和容易。

　　2. 练习解题

　　物理问题往往需要应用多个概念和公式来解决。通过大量练习，你可以熟悉各种
类型的问题和解题方法。每解决一个问题，都要确保你理解了解题过程和答案。除了
做课后习题，你还可以尝试其他来源的题目，如竞赛题、模拟考试题等。

　　3. 使用图形和视觉辅助工具

　　物理概念往往涉及图形和动态过程，如力的分解、物体的运动轨迹等。使用图形、
示意图和动画可以帮助你更好地理解和记忆这些概念。在学习时，尝试自己绘制图形，
这将进一步加深你的理解。

　　4. 建立数学基础

　　高中物理与数学紧密相关，特别是代数和几何。确保你的数学基础扎实，这对于
理解物理公式和解决物理问题至关重要。如果你在数学上遇到困难，那么建议先解决
这个问题，再继续学习物理。

　　5. 定期复习和总结

　　物理概念和公式若不经常使用，很容易忘记。定期复习你的笔记和教材，总结每
个章节的关键点。制作思维导图或概念图可以帮助你组织和回顾知识点。此外，教授
别人也是一种很好的复习方式，因为它促使你以清晰和简洁的方式理解和表达概念。

　　记住，学好物理不仅仅是为了考试，更是为了培养解决问题的能力和对自然世界
的理解。保持好奇心，不断探索，你会发现物理是一门非常有趣且有用的学科。

　　系统提供了5个有助于提高高中物理学习效率的实用技巧，对于提高学生学习
物理的成效起到了指导和启发的作用。

4.6 内容创作

讯飞星火的指令集设计精良，涵盖一系列多样化的内容创作指令。这些指令旨在赋能用户以高效的方式生成多种类别的文本内容。借助讯飞星火的这套指令集，用户能够轻松地开展内容创作工作，无论是在哪个专业领域，都能找到合适的指令来满足特定的创作需求。现在，就让我们动手实践，通过这套指令集来探索和享受内容创作的无限可能。

4.6.1 案例：标题策划

在讯飞星火内容创作指令集中，精心策划的标题占据着举足轻重的地位。它的作用不仅是吸引用户的目光，更是激发用户深入阅读的欲望。这些标题以其简练精准、主题鲜明而著称，能够迅速捕获读者的注意力，并有效促进阅读兴趣的提升。现在，就让我们体验一下标题策划指令的强大功能，看看如何巧妙地将一个平淡的话题转变为引人入胜的标题。具体操作步骤如下。

第1步 ▶ 选择"指令推荐"选项，进入页面后，选择"内容创作"选项，进入对应指令集界面，如图4-55所示。

图4-55　选择"内容创作"选项

第2步 ▶ 在页面中选择"标题策划"选项，单击"编辑执行"按钮，进入执行界面，如图4-56所示。

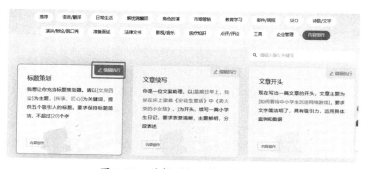

图4-56　选择"标题策划"选项

第3步 ➤ 在弹出的菜单中，显示系统预设指令"我想让你充当标题策划器。请以[文房四宝]为主题，[传承、匠心]为关键词，提供5个吸引人的标题。要求保持标题简洁，不超过[20]个字"，仅需修改"[ ]"里的内容，便可完成指令个性化设置，我们直接单击"去执行"按钮，使用默认设置的指令，如图4-57所示。

图4-57　单击"去执行"按钮

第4步 ➤ 页面跳转至对话框界面，同时对话框中显示系统预设的指令，单击"发送"按钮，如图4-58所示。

图4-58　单击"发送"按钮

第5步 ➤ 系统回复内容如下。

1. "匠心铸就：文房四宝的传承之旅"
2. "传承经典，匠心雕琢文房四宝"
3. "文房四宝：古艺传承与匠人之心"
4. "守护匠心，文房四宝的文化传承"
5. "从古至今：文房四宝的匠心与传承"

系统提供的备选标题，不仅突出了文房四宝的传统和经典，还强调了匠人精神和文化传承的重要性，能够吸引目标受众的关注，为策划文房四宝相关活动或宣传提供了实用的选择。

4.6.2　案例：文章润色

在讯飞星火内容创作指令集中，对文章进行细致的润色是确保内容质量与读者可读性的重要环节。通过语法审查、逻辑结构的精练调整及精准的词语甄选，文章的魅力和说服力得以显著增强。这样的润色过程不仅提高了文章的吸引力，而且优化了读者的阅读体验和理解深度。现在，让我们一同感受经过精心润色后的文章所带来的卓越效果。具体操作步骤如下。

第1步 ➤ 选择"指令推荐"-"内容创作"选项，在页面中选择"文章润色"选项，单击"编辑执行"按钮，进入执行界面，如图4-59所示。

第2步 ▶ 在弹出的菜单中，显示系统预设指令"<u>我希望你是一位文章改写助手，我给出一段话，你对文本内容进行修改润色，以达到[更为简洁、有吸引力]的目标，要[用到成语和修辞手法]。文本内容为：[今天的天气真是好极了，我在上学路上看到了一只小猫在花丛里玩耍，它看起来非常开心。放学回家后，我向妈妈分享了这个有趣的经历。]</u>"用户仅需修改"[ ]"里的内容，便可完成指令个性化设置，我们直接单击"去执行"按钮，使用默认设置的指令，如图4-60所示。

图4-59　选择"文章润色"选项　　　　图4-60　单击"去执行"按钮

第3步 ▶ 页面跳转至对话框界面，同时对话框中显示系统预设的指令，单击"发送"按钮，如图4-61所示。

图4-61　单击"发送"按钮

第4步 ▶ 系统回复内容如下。

今朝碧空如洗，阳光明媚，我踏青上学途中，瞥见花间一只顽皮小猫，它欢蹦乱跳，其乐融融。课余归来，我迫不及待地与母亲分享这一趣事，喜悦之情溢于言表。

系统对文本进行了润色，使之更加流畅和生动。

4.6.3　案例：小红书文案

讯飞星火内容创作指令集中有专为小红书平台量身打造的指令，提供了一系列精准的指导和建议，旨在协助用户更高效地撰写出符合小红书特色的文案。这些指令集的核心目标是帮助用户创作出能够吸引阅读、提高互动并促进转化的内容，从而显著提升用户满意度。现在，就让我们一起深入探索小红书文案创作的世界，通过讯飞星火的引导，优化我们的创作流程。具体操作步骤如下。

第1步 ▶ 选择"指令推荐"－"内容创作"选项，在页面中选择"小红书文案"选项，单击"编辑执行"按钮，进入执行界面，如图4-62所示。

第2步 ▶ 在弹出的菜单中，显示系统预设指令"<u>我希望你是一位文案助理，你将针对[保湿防晒霜]这一产品，写一篇小红书风格的种草文案，要求包含产品功效、特点以及使用体验</u>"，仅需修改"[ ]"里的内容，便可完成指令个性化设置，我们直接单击"去执行"按钮，使用默认设置的指令，如图4-63所示。

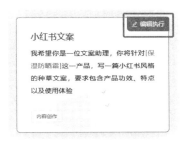

图4-62　选择"小红书文案"选项　　　　图4-63　单击"去执行"按钮

第3步 ▶ 页面跳转至对话框界面，同时对话框中显示系统预设的指令，单击"发送"按钮，如图4-64所示。

图4-64　单击"发送"按钮

第4步 ▶ 系统回复内容如下。

标题：防晒+保湿，一瓶搞定四季肌肤守护！

亲爱的小伙伴们，今天我要给大家种草一款我最近超级爱用的保湿防晒霜！在这个换季的时节，我们的肌肤既要抵御强烈的紫外线，又要面对干燥的空气，因此选择一款既能防晒又能保湿的产品真的太重要了！

🦋 产品功效：

这款保湿防晒霜，它不仅有SPF50+的高倍防护，能够有效隔离UVA和UVB，保护我们的肌肤不受紫外线伤害，而且还特别添加了多种保湿成分，如透明质酸、甘油等，能够在防晒的同时给肌肤补充水分，让肌肤一整天都保持水润润的状态。

💧 产品特点：

（1）质地轻薄：它的质地非常轻薄，涂抹在脸上毫无负担，不会有那种厚重或油腻的感觉，非常适合日常使用。

（2）快速吸收：涂抹后能迅速被肌肤吸收，不会有白斑的困扰，也不会影响后续的妆容。

（3）对敏感肌友好：配方温和，不含酒精、香料等刺激性成分，即使是敏感肌的小伙伴也能安心使用。

（4）适用范围广：除了面部，它还可以用来涂抹颈部、手背等容易暴露在外的部位，全面防晒保湿。

✿ 使用体验：

我自己已经用了一段时间了，真的是越来越爱它了！每天都会用它，轻轻一抹，瞬间吸收，肌肤变得水润又有光泽。出门前，再也不担心紫外线和干燥的双重困扰了。它的保湿效果很持久，即使是在空调房里待上一整天，我的肌肤依然保持着很好的状态，不会有紧绷感。

🛒 购买建议：

这款保湿防晒霜是我的心头好，无论是功效还是使用体验都让我非常满意。如果你也在寻找一款四季都适用，既能防晒又能保湿的产品，那么我强烈推荐你试试这款产品！记得选择正规渠道购买哦！

总之，这款保湿防晒霜真的是我近期的护肤必备，我已经准备囤货啦！如果你也对这款产品感兴趣，不妨试试看，相信你会和我一样爱上它的！

#保湿防晒霜 #防晒必备 #四季守护 #肌肤之钥 #小红书种草

以上就是我的分享啦，希望你们喜欢！如果有任何问题或想要了解更多产品信息，欢迎在评论区留言交流哦！我们下次见！👋♡

系统提供的这篇小红书文案结构清晰，描述生动，能够有效地宣传和推广产品。

专家点拨

技巧 01： 解压神器

🔟 调用"解压神器"指令集中的指令：

请用一首诗歌赞美我的歌声。

讯飞星火回复：

你的歌声如晨曦，
温暖而明亮，
在寂静的夜空中，
犹如一颗璀璨的星。

你的歌声如溪流，
潺潺流淌，
在喧嚣的城市中，
犹如一丝清新的风。

你的歌声如鸟鸣，
悠扬动听，
在繁忙的生活里，
犹如一首宁静的歌。

你的歌声如琴弦，
和谐悦耳，
在疲惫的心灵中，
犹如一杯甘甜的茶。

你的歌声如诗篇，
深情款款，
在无垠的宇宙间，
犹如一道美丽的光。

你的歌声如梦境，
梦幻无边，
在现实的世界中，
犹如一片神奇的天。

你的歌声如祝福，
温馨无限，
在每个角落，

都留下了你的旋律和温暖。

你的歌声，
是最美的赞歌，
在我心中，
永远回荡。

技巧 02： 恋爱助攻

🔟 **调用"恋爱助攻"指令集中的指令：**
请为我策划一场难忘的情人节约会。

讯飞星火回复：
情人节是表达爱意和浪漫的绝佳时机。为了策划一场难忘的情人节约会，以下几个步骤可供参考。

一、了解对方的喜好

在选择活动和餐厅时，请考虑对方的爱好、口味和兴趣。

二、提前规划

1. 情人节当天餐厅和电影院可能非常拥挤，因此提前预订位子是明智之举。

2. 如果计划送花或礼物，那么也应提前准备。

三、精心挑选礼物

根据你们关系的亲密程度和对方的个性选择礼物，如巧克力、玫瑰花、香水、珠宝或手工制品等。

四、创造浪漫氛围

1. 点燃香薰蜡烛，播放轻松的音乐，营造一个温馨的环境。

2. 布置鲜花及柔和的照明，增添气氛。

五、特殊的晚餐选址

1. 选择一个有意义的地点，比如你们第一次约会的餐厅或者一个风景优美的场所。

2. 可以选择在家里自己做一顿特别的晚餐，这样更加私密且具有个人特色。

六、活动选择

1. 观看一部两人都感兴趣的电影或剧目。

2. 进行浪漫的夜晚散步，或前往观景台俯瞰城市夜景。

3. 如果你们都喜欢户外活动，可以计划一次郊游，如徒步或骑行。

七、留下纪念

拍一些照片或写一封情书，记录这一特别时刻。

八、惊喜元素

准备一份特别的甜点、意外的礼物或突如其来的表演（如小提琴演奏），增加惊喜。

九、注意细节

1. 确保手机静音，专注于当下的美好时光。

2. 留意对方的感受和需求，确保对方感到舒适和被重视。

十、结束语

在夜晚结束时，可以互相交换卡片或表达对彼此的感觉，结束这个浪漫的夜晚。

总之，最重要的是与对方共度美好时光，不必拘泥于形式，真诚的情感才是最打动人心的。

本章小结

在本章中，我们学习了讯飞星火指令集，了解了其在不同领域的应用和功能。通过语言 / 翻译指令集，我们可以轻松进行文档翻译和语言检测，提高工作和学习的效率。在日常生活中，星火指令集可以辅助制订旅游计划、健身计划和制作美食，提供便捷的生活服务。解忧锦囊团则为心理咨询和情感支持提供了贴心的服务。在市场营销领域，星火指令集支持活动方案、产品描述和用户调研，助力营销活动的策划和执行。在教育学习方面，指令集为课程设计、论文撰写和学习技巧提供了全面的辅助。内容创作指令集则涵盖标题策划、文章润色和小红书文案等多个专题，促进了内容创作的多样化和高效性。借助讯飞星火指令集，用户能够在各自领域以更高效、更专业的方式开展工作，提升生活品质，并不断推动个人和社会的发展。

第5章

办公助手：讯飞星火在办公领域的实用技巧

本章导读

　　本章将详细介绍讯飞星火在办公领域的应用。我们将深入探讨文案处理、Excel、PPT以及视频制作等多个具体应用场景。在文案处理方面，从公文润色、文件修订、申报书撰写到会议策划和数智化解决方案，讯飞星火为用户办公提供了多种智能化解决方案。在Excel应用方面，我们将详细讨论文本转Excel、Excel函数助手、Excel公式编辑器及Excel的VBA助手等功能，帮助用户提高数据处理和分析的效率。此外，我们还将介绍PPT大纲助手、PPT制作和PPT宣讲稿等功能，以及抖音爆款文案生成、节日祝福视频助手和短视频脚本助手等视频应用。通过学习本章内容，读者将充分了解如何利用讯飞星火在办公场景中提升工作效率，实现智能化办公的目标。

5.1　文案应用

　　文案工作是办公室工作中不可或缺的一环，涵盖公文撰写、文件修订、申报书撰写、会议策划等多项任务。传统文案通常烦琐且容易产生错误，但借助讯飞星火，我们能够显著提高文案处理的速度和准确性，从而极大地优化工作流程，确保高效与专业的双重保障。

5.1.1　公文润色

在公文润色方面，无论是内部公文还是对外交流的公文，讯飞星火都能够快速检查文档中的语法、拼写和逻辑错误，进行语言优化和格式调整，确保文案的专业性和准确性。具体操作步骤如下。

指令：

请对以下文字进行润色：

关于举行公司年会的通知

尊敬的全体员工：

随着岁月的流逝，我们即将迎来一年一度的公司年会。本次年会定于下周五晚上 7 点在公司大厅举行。届时，我们将共同回顾过去一年的工作成果，展望未来的发展蓝图，并表彰在过去一年中表现突出的同事。请各位员工务必准时参加，并着正装出席。

感谢大家的辛勤工作，期待在年会上与大家共度愉快的时光。

公司管理层

讯飞星火回复：

盛大庆典——公司年度盛会邀请函

尊敬的同仁们：

时光荏苒，转眼间我们又将迎来公司一年一度的盛会——年会。此次年会定于下周五晚上 7 点，在公司大厅隆重举行。届时，我们将共同回顾过去一年的辉煌成就，展望未来的发展蓝图，并对在过去一年中表现杰出的同事进行表彰。诚挚邀请您准时参加，并请您着正装出席，共同见证这一荣耀时刻。

感谢大家一年来的辛勤付出，期待在年会上与大家共享欢乐时光。

敬祝工作顺利！

公司管理层

5.1.2　文件修订

在文件修订方面，讯飞星火可以快速识别文档中的问题，并根据语境提供精准的修改建议，大大减少了人工修订的时间和精力，使修订过程更加高效和准确。具体操作步骤如下。

指令：

请对以下文件进行修订：

市场部报告

主题：本季度销售情况概览

本季度我们销售业绩不错。产品A销售额增加了10％，而产品B的销售额有所下降。市场反馈显示产品A的广告活动产生了积极的效果，但产品B需要更多推广。建议下一步加大产品B的市场投入，同时保持产品A的销量增长。

感谢大家的辛勤工作。

讯飞星火回复：

市场部业绩报告

主旨：季度销售分析及策略建议

经过本季度的努力，我们取得了不错的销售业绩。其中，产品A的销售额增长了10％，而对产品B的销售额则有所下降。市场反馈显示，产品A的广告活动取得了积极效果，而产品B则需要加大推广力度。因此，建议下一步加大对产品B的市场投入，同时继续维持产品A的销量增长势头。

感谢各位同事的辛勤付出和卓越贡献。

5.1.3 申报书撰写

在申报书撰写方面，讯飞星火可以根据用户提供的信息和要求，自动生成符合规范和格式要求的申报书初稿，用户只需在此基础上进行微调，即可完成申报书的编写，减少了烦琐的撰写过程。具体操作步骤如下。

🔟 **指令：**

请以"基于讯飞星火的教学创新研究"为主题，进行科研课题研究申报书的撰写。

讯飞星火回复：

基于讯飞星火的教学创新研究项目申报书

一、主要研究内容及技术指标

本项目旨在利用讯飞星火的先进技术，构建智能化教学系统，提升教学效率和学习体验。具体研究内容包括以下几方面。

1. 利用大模型的语言理解和知识问答能力，实现个性化、智能化的教学内容推荐和解答。

2. 探索大模型在教学过程中的实时语音交互功能，提升教学互动性和趣味性。

3. 开发智能作业批改系统，提供高效、准确的评价和反馈。

二、立项依据

教育领域对智能化教学工具的需求日益增长，而讯飞星火作为新一代的语言理解和生成技术，具有巨大的潜力用于教学领域。本项目立项依据在于以下几方面。

1. 教育教学改革迫切需要智能化教学工具的支持。

2. 讯飞星火在语言理解和生成方面的先进性和高效性。

3. 国内外已有相关研究表明利用大模型进行教学辅助可以显著提升学习效果和教学质量。

三、研究内容、研究目标，以及拟解决的关键问题

1. 研究内容：

（1）构建智能化教学系统，实现个性化、智能化的教学内容推荐和解答。

（2）探索语音交互技术在教学中的应用，提高教学互动性和趣味性。

（3）开发智能作业批改系统，提供高效、准确的评价和反馈。

2. 研究目标：

（1）开发一套高效、智能的教学辅助系统，提升教学效率和学习体验。

（2）实现教学内容的个性化推荐和解答，满足学生不同的学习需求。

（3）探索语音交互技术在教学中的应用，提高教学互动性和趣味性。

（4）提供准确及时的作业批改和反馈，促进学生学习动力和成长。

3. 拟解决的关键问题：

（1）如何有效整合讯飞星火的语言理解和生成能力，构建智能化教学系统？

（2）如何利用大模型进行个性化教学内容推荐和解答，满足学生不同的学习需求？

（3）如何实现实时语音交互功能，并保证其稳定性和准确性？

（4）如何设计智能作业批改系统，提高批改效率和评价准确度？

四、项目的研究方法、技术路线、实验方案及可行性分析

1. 研究方法：

（1）采用深度学习和自然语言处理技术，构建智能化教学系统。

（2）结合用户反馈和实验数据，不断优化系统算法和模型。

（3）基于实验结果，验证系统在教学场景中的有效性和可行性。

2. 技术路线：

（1）数据收集和预处理。

（2）模型设计和训练。

（3）系统开发和优化。

（4）实验验证和结果分析。

3. 实验方案：

（1）设计用户调查问卷，收集用户需求和反馈。

（2）构建实验场景，模拟真实教学环境，进行系统测试和评估。

4. 可行性分析：

（1）讯飞星火的先进技术为项目提供了充足的技术支持。

（2）预期项目实施过程中能够克服技术和资源方面的困难，保证项目顺利进行。

五、项目特色与创新点

1. 利用讯飞星火的先进技术，实现个性化、智能化的教学内容推荐和解答。

2. 探索语音交互技术在教学中的应用，提高教学互动性和趣味性。

3. 开发智能作业批改系统，提供高效、准确的评价和反馈。

4. 结合用户反馈和实验数据，不断优化系统算法和模型，确保系统性能和效果的持续提升。

六、预期成果及考核指标

1. 预期成果：

（1）形成一套基于讯飞星火的教学创新模式。

（2）发表相关学术论文，分享研究成果。

（3）为教育工作者提供一套具有实践价值的教学方法和策略。

2. 考核指标：

（1）完成基于讯飞星火的教学创新模式的构建。

（2）在国内外核心期刊发表至少2篇学术论文。

（3）为教育工作者提供一套具有实践价值的教学方法和策略。

七、项目进度安排

1. 第一阶段（1～3个月）：进行文献调研和案例分析，明确研究方向和目标。

2. 第二阶段（4～6个月）：设计教学实验方案，准备实验材料。

3. 第三阶段（7～9个月）：实施教学实验，收集数据。

4. 第四阶段（10～12个月）：对实验数据进行分析和效果评估，总结研究成果。

5. 第五阶段（13～15个月）：撰写论文，分享研究成果。

5.1.4 会议策划

在会议策划方面，讯飞星火可以自动生成会议策划书，包括会议主题、议程、参与人员等信息，帮助用户高效地组织和管理会议，节省策划时间并确保会议的高效进行。具体操作步骤如下。

> 🔟 **指令：**
>
> 公司计划举办一次关于"人工智能在市场营销中的应用"的研讨会，请提供一份会议策划。

讯飞星火回复：

会议策划书：人工智能在市场营销中的应用研讨会

1. 会议目标

（1）教育营销团队了解最新的人工智能工具和策略。

（2）探讨如何将这些工具应用于提高营销效率和效果。

（3）促进团队成员之间的知识共享和网络构建。

2. 会议日程安排

（1）日期：选择周五举行，不影响工作日的常规工作。

（2）时间：下午1:00～5:00，包括签到、开场致辞、演讲、休息和讨论等。

（3）地点：公司会议室或适合人数的外部会议场所。

（4）议程：

1:00～1:15：签到和欢迎咖啡

1:15～1:30：开场致辞

1:30～2:30：主题演讲（人工智能在市场营销中的新趋势）

2:30～2:45：茶歇和网络交流

2:45～3:45：案例研究分享（成功应用人工智能的营销案例）

3:45～4:30：圆桌讨论（人工智能工具的选择和使用）

4:30～5:00：问答环节和总结

3. 邀请与会人员

（1）目标参与者：公司内部营销团队成员及相关部门兴趣人员。

（2）发送个性化邀请函，并通过电子邮件或公司内部通信系统跟踪RSVP。

4. 准备会议材料

（1）演讲提纲、背景资料和案例研究的电子副本。

（2）设计并打印会议宣传册和议程。

（3）确保演示文稿包含关键点和视觉辅助材料。

5. 安排会议设施和服务

（1）预订会议室并确保音响、投影仪、Wi-Fi等齐全且功能正常。

（2）安排茶歇服务，包括饮料和小食，要考虑到特殊饮食需求。

6. 会议执行和跟进

（1）指定技术支持人员在会议期间提供现场技术帮助。

（2）会后发送会议纪要给所有参与者，并提出行动计划。

（3）设置后续跟进的提醒，确保会议成果得到实施。

通过这份详细的会议策划，公司可以确保"人工智能在市场营销中的应用"研讨会的成功举办，实现知识传递和团队协作的目标。

5.1.5 数智化解决方案

讯飞星火还提供了数智化解决方案，通过自然语言处理和深度学习技术，讯飞星火可以分析大量文本数据，为用户提供智能化的解决方案和建议，帮助用户更好地应对复杂的问题和挑战。具体操作步骤如下。

指令：
请根据以下背景和问题，提供一份数智化解决方案。
背景：电力公司面临的一个主要挑战是如何有效地预测和管理电网的负荷，以确保稳定供电并减少能源浪费。传统的电网管理通常依赖经验规则和粗略估计，难以精确应对变化的消费需求和可再生能源的波动性。
问题：
1. 电网负荷预测不准确，无法高效调配资源。
2. 可再生能源（如风能、太阳能）的间歇性导致供电不稳定。
3. 无法实时响应消费者需求变化，导致电力分配不合理。
4. 缺乏对电网故障的快速响应机制。

讯飞星火回复：
名称：智能电网负荷预测与优化系统
一、解决方案
1. 部署智能电表：在用户端安装智能电表，实时收集消费数据。
2. 集成可再生能源数据：将风速、日照等可再生能源相关数据接入系统。
3. 应用大数据分析和机器学习：利用历史和实时数据训练机器学习模型，提高负荷预测的准确性。
4. 实施需求响应策略：基于预测结果，自动调整电价或直接控制某些非关键负载，以平衡电网负荷。
5. 优化资源调度：使用预测数据来优化传统发电站和可再生能源的混合调度。
6. 可视化和监控平台：建立实时监控平台，显示电网状态、负荷预测和能源流向。
7. 故障检测与自愈功能：集成先进的故障检测算法和自愈技术，实现电网的快速自我修复。
二、成果
1. 通过精确负荷预测，提高了电网的能源效率和可靠性。
2. 实现了对可再生能源的有效整合，降低了碳排放。
3. 增强了对消费者需求的响应能力，提升了用户满意度。
4. 减少了电网故障的影响，缩短了恢复时间。

三、后续步骤

1. 持续收集更多数据，提升预测模型的性能。

2. 引入更多的智能控制和优化算法，进一步自动化电网运营。

3. 将智能电网解决方案扩展到分布式能源资源和电动车充电网络的管理。

这个智能电网负荷预测与优化系统的例子展示了如何通过数智化技术提升能源管理的智能化水平，确保电力供应的稳定性和效率，同时促进可持续发展。

5.2　Excel 应用

在现代办公环境中，Excel 是处理数据和进行数据分析的重要工具。讯飞星火在 Excel 方面提供了多种应用，旨在帮助用户更高效、更准确地完成数据处理和分析任务。讯飞星火不仅提高了 Excel 操作的效率，还提升了数据处理的准确性。用户可以借助这些智能工具，轻松应对各种复杂的数据处理和分析任务，从而在工作中取得更好的成绩。

5.2.1　文本转 Excel 表格

讯飞星火支持将文本数据快速转换为 Excel 格式，用户只需输入要转换的文本内容，系统即可自动识别并生成对应的 Excel 表格，从而方便数据的导入和处理。这一功能特别适用于需要从网页、文档或邮件中提取信息并整理成表格的场景，极大地提高了数据整理的效率。具体操作步骤如下。

> 🔟 指令：
>
> 　请将该段文字中的销售数据转换为 Excel 表格。
>
> 　在 2023 年第四季度内，我们销售了不同类型的智能出行设备，包括智能平衡车、智能电动自行车、智能电动滑板车、智能平衡车燃动版和折叠智能自行车。具体销售情况如下：智能平衡车型号 ES-100，在上海的华东路门店销售 120 台，单价为 3999 元，总销售额为 479880 元。智能电动自行车型号 EB-200，在北京的中关村门店销售 80 台，单价为 2999 元，总销售额为 239920 元。智能电动滑板车型号 ESB-300，在广州的天河路门店销售 150 台，单价为 1999 元，总销售额为 299850 元。智能平衡车燃动版型号 EBP-400，在深圳的南山区门店销售 50 台，单价为 4599 元，总销售额为 229950 元。折叠智能自行车型号 EZ-500，在北京的王府井门店销售 90 台，单价为 2599 元，总销售额为 233910 元。

讯飞星火回复：

以下是根据您提供的信息生成的 Excel 表格：

产品名称	型号	销售地点	单价（元）	销售数量
总销售额（元）				
智能平衡车	ES-100	上海华东路门店	3999	120
479880				
智能电动自行车	EB-200	北京中关村门店	2999	80
239920				
智能电动滑板车	ESB-300	广州天河路门店	1999	150
299850				
智能平衡车燃动版	EBP-400	深圳南山区门店	4599	50
229950				
折叠智能自行车	EZ-500	北京王府井门店	2599	90
233910				

将得到的表格数据复制到 Excel 文件中去，得到表 5-1 所示的智能出行设备销售表。

表 5-1　智能出行设备销售表

产品名称	型号	销售地点	单价（元）	销售数量	总销售额（元）
智能平衡车	ES-100	上海华东路门店	3999	120	479880
智能电动自行车	EB-200	北京中关村门店	2999	80	239920
智能电动滑板车	ESB-300	广州天河路门店	1999	150	299850
智能平衡车燃动版	EBP-400	深圳南山区门店	4599	50	229950
折叠智能自行车	EZ-500	北京王府井门店	2599	90	233910

5.2.2　Excel 函数助手

讯飞星火 Excel 函数助手为用户提供了丰富的函数库，无论是常用函数还是高级函数，它都能给出相应的使用示例和参数解释，使用户能够快速掌握和应用各种函数，并且支持自然语言输入。用户可以通过简单的描述来获取所需的函数，使得函数的使用更加便捷和智能。具体操作步骤如下。

请找出表5-1中的"总销售额"列中，前三名分别是多少金额？

讯飞星火回复：

要找出"总销售额"列中，前三名分别是多少金额，您可以使用Excel的LARGE函数。该函数返回数据集中的第 K 个值，其中 K 由用户指定。

以下是找到总销售额最大的前三个值的函数示例：

=LARGE（F2:F6，1）// 找到第一个值

=LARGE（F2:F6，2）// 找到第二个值

=LARGE（F2:F6，3）// 找到第三个值

按照回复，在 Excel 表中的 G 列依次录入函数"=LARGE(F2:F6, 1)""=LARGE(F2:F6, 2)""=LARGE(F2:F6, 3)"，执行结果如图 5-1 所示。

	A	B	C	D	E	F	G
1	产品名称	型号	销售地点	单价（元）	销售数量	总销售额（元）	前三名的金额
2	智能平衡车	ES-100	上海华东路门店	3999	120	479880	479880
3	智能电动自行车	EB-200	北京中关村门店	2999	80	239920	299850
4	智能电动滑板车	ESB-300	广州天河路门店	1999	150	299850	239920
5	智能平衡车燃动版	EBP-400	深圳南山区门店	4599	50	229950	
6	折叠智能自行车	EZ-500	北京王府井门店	2599	90	233910	

图 5-1　"总销售额"列中，数值最大的前三名金额

5.2.3　Excel 公式编辑器

讯飞星火可以辅助用户在 Excel 中编辑和构建复杂的公式，同时提供实时的语法提示和建议，通过智能提示和自动补全功能简化公式的创建过程，减少错误的可能性，并加速数据处理流程，提高公式编写的准确性和效率。具体操作步骤如下。

请计算表5-1中平均每个月每个销售地点的销售金额。

讯飞星火回复：

为了计算平均每个月每个销售地点的销售金额，需要将总销售额除以销售地点数和月份数，以获取平均每个月每个销售地点的销售金额。

我们假设所有销售数据都发生在2023年第四季度。

首先，计算每个销售地点的总销售额：

=SUM(F2:F6) // 对总销售额列求和，其中 F2:F6 是总销售额列的范围

然后，将每个销售地点的总销售额相加，并除以销售地点数和月份数（月份数为3

个月）：

=SUM(F2:F6) / (COUNTA(C2:C6) * 3) // 对总销售额列求和并除以销售地点数和月份数

得出平均每个月每个销售地点的销售金额。

按照回复，在 Excel 表中录入公式 "=SUM(F2:F6) / (COUNTA(C2:C6) * 3)"，执行结果如图 5-2 所示。

图 5-2 平均每个月每个销售地点的销售金额

5.2.4 Excel 的 VBA 助手

Excel 的 VBA 助手（Visual Basic for Applications）提供了强大的 VBA 编程支持，对于需要进行自动化处理的任务，讯飞星火可以协助用户编写 VBA 脚本，并提供代码建议、调试帮助及性能优化建议，从而帮助用户实现 Excel 的自动化操作。用户可以借助自然语言输入快速生成 VBA 代码，完成自动化的数据处理和操作任务。具体操作步骤如下。

> ⑩ 指令：
> 请在表 5-1 中添加复选框，并显示勾选状态，使用 VBA 代码实现此功能。

讯飞星火回复：

以下是在 Excel 表格中添加复选框，并用 VBA 代码显示勾选状态的步骤说明。

1. 打开 Excel 文件，并按 "ALT + F11" 组合键打开 Visual Basic for Applications（VBA）编辑器。

2. 在 VBA 编辑器中，选择 "插入" → "模块"，以创建一个新的模块。

3. 将以下 VBA 代码粘贴到新创建的模块中。

```
Sub InsertCheckBoxes()
    Dim c As Range
    Dim cb As CheckBox
    Dim ws As Worksheet
```

```vba
    ' 指定要插入复选框的工作表
    ' 将 "Sheet1" 更改为你的工作表名称
    Set ws = ThisWorkbook.Worksheets("Sheet1")

    ' 在指定范围内循环插入复选框
    ' 指定要插入复选框的单元格范围, 注意排除表头行
    For Each c In ws.Range("A2:F6")
        ' 在每个单元格的左上角插入复选框
        Set cb = ws.CheckBoxes.Add(c.Left, c.Top, c.Width,
                                   c.Height)

        ' 设置复选框属性
        With cb
            ' 复选框的状态将链接到新添加的一列,
              这列用于存储复选框的状态
            .LinkedCell = ws.Cells(c.Row, 7).Address
            .Name = "CheckBox_" & c.Address ' 设置复选框的名称
        End With
    Next c
End Sub

Sub SelectRows()
    Dim cb As CheckBox
    Dim ws As Worksheet
    Dim i As Integer

    ' 指定要操作的工作表
    ' 将 "Sheet1" 更改为你的工作表名称
    Set ws = ThisWorkbook.Worksheets("Sheet1")

    ' 循环遍历复选框
    For Each cb In ws.CheckBoxes
        ' 检查每个复选框是否被选中
        If cb.Value = xlOn Then
            ' 获取复选框所在行的行号
            i = Mid(cb.Name, Len("CheckBox_") + 1)
            ' 选中该行
            ws.Rows(i).Select
```

```
        End If
    Next cb
End Sub
```

4. 关闭 VBA 编辑器，并返回到 Excel 表格。

5. 在 Excel 表格中按"ALT + F8"组合键，选择"InsertCheckBoxes"宏并执行，以在指定范围内添加复选框。

6. 在 Excel 表格中按"ALT + F8"组合键，选择"SelectRows"宏并执行，以选择被勾选的行。

这样就可以使用 VBA 代码在 Excel 表格中添加复选框，并显示勾选状态。

按照回复，在Excel表中插入上面的VBA代码，运行宏后，执行结果如图5-3所示。

	A	B	C	D	E	F	G	H
1	复选框		产品名称	型号	销售地点	单价（元）	销售数量	总销售额（元）
2	☐	FALSE	智能平衡车	ES-100	上海华东路门店	3999	120	479880
3	☑	TRUE	智能电动滑板车	EB-200	北京中关村门店	2999	80	239920
4	☐	FALSE	智能电动滑板车	ESB-300	广州天河路门店	1999	150	299850
5	☐	FALSE	智能平衡车燃动版	EBP-400	深圳南山区门店	4599	50	229950
6	☑	TRUE	折叠智能自行车	EZ-500	北京王府井门店	2599	90	233910

图 5-3　使用 VBA 代码添加复选框并显示勾选状态

5.3 PPT 应用

PPT是办公和教育领域中广泛使用的演示工具。讯飞星火通过提供智能化的助手功能，极大地丰富了PPT的制作和编辑过程，显著地提高了PPT制作的效率和质量，使用户能够更轻松、更高效地制作专业的演示文稿。

5.3.1 PPT 大纲助手

在制作PPT前，构建一个清晰的大纲至关重要。讯飞星火在PPT制作中扮演着重要的角色。用户可以通过自然语言输入，提供演讲主题和要点，讯飞星火将根据输入内容快速生成PPT大纲，为用户提供一个清晰的信息框架，使整个演示内容更具有连贯性和逻辑性。具体操作步骤如下。

💬 指令：

我要参加家长进课堂的活动，请以"候鸟的迁徙"为题目，设计一份PPT大纲。

讯飞星火回复：

以下是一份关于"候鸟的迁徙"课程的 PPT 大纲，适用于家长进课堂活动。

1. 封面页
   ● 主题：候鸟的迁徙
   ● 讲师姓名／家长姓名
   ● 日期／时间
   ● 学校名称／班级

2. 欢迎和介绍
   ● 欢迎词
   ● 讲师简介
   ● 课程目标概述

3. 什么是候鸟？
   ● 定义候鸟
   ● 候鸟与留鸟的区别
   ● 全球候鸟的例子

4. 为什么候鸟要迁徙？
   ● 食物资源
   ● 繁殖地点
   ● 气候条件

5. 候鸟迁徙的类型
   ● 短距离迁徙
   ● 长距离迁徙
   ● 高度迁徙（海拔变化）

6. 候鸟迁徙的路线图
   ● 主要迁徙路线
   ● 著名候鸟迁徙例子（如北极燕鸥、白鹳等）

7. 迁徙过程中的挑战
   ● 极端天气
   ● 地理障碍
   ● 人类活动的影响

8. 如何追踪候鸟的迁徙？
   ● 传统方法（环志等）
   ● 现代技术（卫星追踪、GIS等）

9. 保护候鸟的重要性
   ● 生态作用

- 生物多样性保护
- 保护措施和法律

10. 家长和学生可以做什么？
    - 观察和记录本地候鸟
    - 参与保护项目
    - 提高公众意识

11. 互动环节
    - 问答环节
    - 讨论候鸟迁徙的有趣事实或经历

12. 结束语
    - 感谢家长和学生的参与
    - 提供额外的学习资源和信息途径

13. 附录
    - 参考文献
    - 推荐阅读和网站

在制作PPT时，每一部分都可以配上相应的图片、图表和关键点，以便更好地吸引听众的注意力并帮助他们理解内容。此外，确保在讲解过程中留有足够的时间进行互动，以促进家长和学生之间的交流。

5.3.2 PPT 制作

在制作PPT时，讯飞星火能够提供全方位的辅助。它不仅能够根据用户的内容自动推荐合适的模板和图表，还能提供设计建议、布局优化及色彩搭配等服务，极大地帮助用户提升演示文稿的视觉效果。同时，用户还可以利用讯飞星火创建PPT，包括选择布局、插入文本、图片、图表等元素，并根据需求让其自动生成演示文稿，从而让整个PPT制作过程更加轻松、高效。具体操作步骤如下。

> 🔟 **指令：**
>   请根据上一小节的PPT大纲，制作一份PPT。

使用智能PPT生成插件后（详细操作参见第4章），讯飞星火给出的候鸟的迁徙PPT如图5-5所示。

图 5-4　候鸟的迁徙 PPT

5.3.3　PPT 宣讲稿

成功的演讲不仅需要精美的 PPT，还需要精彩的宣讲。讯飞星火能够根据 PPT 内容生成宣讲稿，协助用户准备演讲时的讲解词，确保信息的准确传达。用户可通过自然语言描述演讲内容，快速获得演讲稿的草稿，并根据需要进行编辑和修改，从而让整个演示过程更加完美。无论是 PPT 的视觉效果还是演讲的内容表达，讯飞星火都能为用户提供全方位的支持，确保每一次演讲都能达到最佳效果。

> 🔟 指令：
> 请根据"候鸟的迁徙"PPT 大纲及内容做一份 PPT 宣讲稿，辅助演讲者在讲台上进行演讲。

讯飞星火回复：

标题：奇妙的自然现象——候鸟的迁徙

宣讲稿：

（第1页：欢迎页面）

尊敬的家长们，大家好！感谢你们的参与。今天我们将共同探索一个引人入胜的自然现象——候鸟的迁徙。在接下来的时间里，让我们一起揭开候鸟迁徙背后的神秘面纱。

（第2页：什么是候鸟？）

在开始之前，让我们先了解一下什么是候鸟。候鸟是指那些每年因季节变换而进行长距离迁移的鸟类。根据迁徙习性，它们可以分为不同的类别，如留鸟、候鸟、迷鸟等。这些飞翔的精灵不仅是大自然的壮丽景象，还在生态系统中扮演着重要的角色。

（第3页：为什么候鸟要迁徙？）

你们可能会好奇，为什么候鸟要进行如此艰苦的迁徙呢？这背后的原因多种多样，包括寻找食物和水源、前往更适合繁殖的地区、逃避极端天气，以及遵循内在的生物节律。这些因素共同驱使着候鸟展开它们的长途旅行。

（第4页：候鸟迁徙的路线图）

现在，让我们通过这张世界候鸟迁徙的路线图来了解它们的迁徙路径。你们可以看到，北极燕鸥跨越极地的迁徙是所有迁徙路线中最为壮观的。每一条路线都有其独特的特点和挑战，而候鸟们则以惊人的毅力和智慧克服了这些困难。

（第5页：迁徙过程中的挑战）

在迁徙途中，候鸟面临着许多挑战，包括天敌的威胁、极端天气的影响、人类活动的干扰，以及巨大的能量消耗等。这些挑战不仅考验着候鸟的生存能力，也触动着人类的心弦。

（第6页：如何追踪候鸟的迁徙？）

随着科技的发展，我们现在有了多种方法来追踪候鸟的迁徙，包括传统的环志和观察记录，以及现代的卫星追踪和雷达监测技术等。此外，公民科学项目也邀请公众参与到观察和数据收集中来，让每个人都能为这项研究贡献力量。

（第7页：我们能为候鸟做什么？）

我们能为这些勇敢的旅行者做些什么呢？我们可以保护它们的栖息地，减少光污染，支持相关的研究工作，并且提高公众对候鸟保护的意识。每个人的努力都将对候鸟的未来产生积极的影响。

（第8页：结语与互动环节）

总结今天的分享，我们了解到候鸟迁徙不仅是一场自然奇观，而且也是生物多样性的重要组成部分。现在，我邀请各位家长分享自己的见解或经历，如果你们有任何问题，请随时提问。

（第9页：致谢页面）

最后，我要感谢各位家长的聆听和参与。你们的支持对我们至关重要。如果你们想要继续关注和支持学校的环境教育活动，请通过以下联系方式与我们联系。再次感谢你们的参与，期待与你们的进一步交流！

5.4 自媒体视频文案应用

在数字媒体日益盛行的今天，视频内容已经成为信息传播和娱乐的重要形式。讯飞星火凭借其强大的智能工具，为用户提供了高效的视频创作和编辑解决方案，极大地降低了视频制作的难度，让不同技能水平的用户都能轻松创作出专业级别的视频。

讯飞星火在视频应用领域展现出了巨大的应用潜力和市场前景，它通过智能化的方式，帮助用户更好地应对数字媒体的挑战，实现有效的信息传播和优质的娱乐体验，助力他们在信息爆炸的时代脱颖而出。

5.4.1　抖音爆款文案生成

在抖音等社交媒体平台上，吸引眼球的文案至关重要。讯飞星火能够分析流行趋势和用户偏好，为用户生成潜在的爆款文案，助力视频在社交媒体上的传播。在抖音等短视频平台，讯飞星火可以帮助用户生成爆款文案，提升视频的曝光率和关注度，为内容创作者提供更多的创作灵感和支持。无论是想要快速制作出吸睛的短视频，还是希望提升视频的曝光率和关注度，讯飞星火都能够提供强大的助力。

> **指令：**
>
> 请以"带饭日记，低卡美味"为主题，创作一份抖音文案。

讯飞星火回复：

标题：带饭日记，低卡美味

📺 今日午餐，开启"带饭日记"的美味之旅！💼

早上匆匆忙忙，但我已经做好了今天的午餐小确幸！🌸 低卡美味，让我吃出了好心情！😊

🍲主角是一份减脂沙拉，新鲜的蔬菜，搭配精心调配的低卡酱汁，爽脆可口，满满的健康感！👊▦

🍇 搭配的是一份水果拼盘，色彩缤纷，香甜多汁，每一口都是对身心的滋养！🍎🍊

🍶 当然不能忘记一杯清爽的柠檬蜂蜜水，它不仅清凉解渴，而且还能促进新陈代谢！●✂

✨ 饭后小憩，一杯咖啡为下午的工作注入了无限动力！☕

📝 记录下这份美好，不仅是为了珍藏每一餐的快乐，更是对健康生活的一种承诺！

💜让每一天都充满美味与活力，我们一起加油！👊▦✨

#带饭日记 #低卡美味 #健康生活 #减脂餐 #小确幸 #工作日午餐

5.4.2　节日祝福视频助手

在特殊节日或庆典活动中，个性化的祝福视频能够传递温馨的信息。讯飞星火能够为用户定制节日祝福视频的内容，提供丰富的模板和动效建议，让用户可以根据节日主题快速打造出个性化的视频祝福，满足不同场景的需求。无论是亲朋好友的生日、婚礼庆典，还是企业的年会、节日活动，讯飞星火都能提供定制化的祝福视频制作服务，让祝福视频更具吸引力和温馨感。

指令：

请为龙年元宵节创作一份祝福视频文案。

讯飞星火回复：

开场镜头：夜空中，璀璨的烟花绚丽绽放，随后镜头缓缓推进，展现出高悬的明月，其倒影在湖面上波光粼粼，美不胜收。

旁白（温暖而喜庆的声音）：

"在这灯火辉煌、月色如水的元宵佳节，我们欢聚一堂，共度美好时光。"

镜头切换：温馨的家庭团聚场景映入眼帘，桌上摆满了各式各样的汤圆和其他美味佳肴，家人脸上洋溢着幸福的笑容。

旁白：

"家家户户，欢声笑语，团聚的温馨中，我们品尝着象征甜蜜与和谐的汤圆，感受着家的温暖。"

镜头切换：一群小朋友手持五彩斑斓的花灯，在街头巷尾欢快地奔跑，脸上洋溢着纯真的笑容。

旁白：

"孩子们手中的花灯，犹如夜空中闪烁的星星，点亮了希望，照亮了前行的道路。"

特效镜头：一条栩栩如生的金龙缓缓飞入画面，舞动着祥云，绕着明月翩翩起舞，场面壮观。

旁白：

"今年，我们迎来了充满神秘与力量的龙年，它带着吉祥如意、风调雨顺的美好祝愿，降临人间。"

镜头切换：热闹的庙会场景，人们身着节日盛装，猜灯谜、赏花灯、观看舞狮舞龙表演，欢声笑语不断。

旁白：

"在这个充满喜悦与祥和的元宵节，我们共同祈愿新的一年里，龙马精神、事业有成，生活更加美好。"

特效镜头：金色的文字"元宵节快乐"缓缓浮现在屏幕上，随后化作漫天的金色火花，璀璨夺目。

旁白：

"让我们携手共度这个美好的夜晚，祝愿您和您的家人元宵节快乐，幸福安康！"

　　结尾镜头：烟花再次绽放，将整个夜空装点得更加绚丽多彩，镜头慢慢拉远，音乐渐弱，视频缓缓落下帷幕。

　　背景音乐：温馨喜庆的传统乐曲，夹杂着爆竹声和欢笑声，营造出浓厚的节日氛围，让观众仿佛身临其境，感受到元宵节的欢乐与温馨。

5.4.3　短视频脚本助手

　　在制作短视频的过程中，编写吸引人的脚本是关键，讯飞星火为短视频创作者提供了强大的创作助手，能够根据用户的主题和要求，快速生成吸引人的短视频脚本草案。讯飞星火短视频脚本助手不仅提供创意点子，还提供内容结构，帮助用户简化视频创作过程。借助讯飞星火，用户能够轻松生成短视频的剧本和内容大纲，从而提升创作效率和内容质量。这样的工具让视频创作者能够更加专注于创意表达，而不必过多关注烦琐的剧本编写，激发了更多的创作灵感和可能性。

指令：

　　请以"女性，减肥，居家健身"为主题，设计一份短视频脚本。

讯飞星火回复：

　　短视频标题：《居家减肥大作战：女神的健身秘籍》

　　【场景描述】

　　• 室内居家环境，宽敞明亮的客厅，墙上挂着瑜伽垫和跳绳，旁边是一面大镜子，阳光透过窗户洒在整洁的地板上。

　　【镜头描述与配音文字】

　　开场镜头：

　　• 快速剪辑，展现女主角（简称小美）早晨起床，伸懒腰，精神焕发的画面。

　　• 配音："新的一天，新的希望，小美再次踏上她的减肥之旅！"

　　镜头一：准备阶段

　　• 镜头聚焦准备好的健身器材：哑铃、瑜伽垫、跳绳等。

　　• 配音："工欲善其事，必先利其器。看看小美的减肥小帮手！"

　　镜头二：热身运动

　　• 镜头跟随小美做热身动作，如头部转动、手臂摆动等。

　　• 配音："热身不能少，让身体热起来，迎接接下来的挑战！"

　　镜头三：瑜伽时光

　　• 镜头特写小美在瑜伽垫上优雅地做瑜伽动作，如树式、战士式等。

- 配音："瑜伽，塑造身形，平和心情，小美的最爱。"

镜头四：力量训练

- 镜头切换至小美使用哑铃进行力量训练，如弯举、侧平举等。

- 配音："增强肌肉，提升代谢，燃烧更多卡路里！"

镜头五：有氧运动

- 镜头捕捉小美跳绳的活力瞬间，节奏明快。

- 配音："跳绳，全身性有氧运动，快速消耗热量，加倍减肥效果！"

镜头六：拉伸放松

- 镜头缓慢推进，小美在镜子前进行拉伸，舒缓的音乐响起。

- 配音："运动后的拉伸，恢复肌肉，预防伤害。"

镜头七：健康饮食

- 镜头展示小美的健康餐盘，包括沙拉、水果、坚果等。

- 配音："三分练，七分吃。健康饮食，减肥成功的关键。"

结尾镜头：

- 小美站在镜子前，自信满满地展示自己的身材变化，微笑中透露出满意。

- 配音："坚持就是胜利，小美的努力已见成效。你也可以，加油！"

【结尾字幕】

- "每天十分钟，轻松居家健身，塑造女神身材。点赞关注，一起变美！"

【特别提示】

- 视频中可以穿插小美使用日记本或手机 App 记录运动和饮食的镜头，增加真实感和互动性。

- 背景音乐选择轻快活泼的旋律，与视频内容相得益彰。

- 视频末尾加入互动环节，鼓励观众留言分享自己的居家健身心得。

专家点拨

技巧 01：讯飞智文

除了使用上述方式，我们还可以使用讯飞智文平台来助理办公。讯飞智文是由科大讯飞推出的一款智能文档生成工具，它依托于讯飞星火认知大模型，能够一键生成 Word 和 PPT 文档，极大地简化了工作和学习中的文档创作流程。用户仅需输入一句话主题或长文本，讯飞智文即可快速生成专业的文档和演示文稿，涵盖工作总结、新品上市、教学课件等多种场景。

讯飞智文的特点鲜明，其中AI撰写助手支持十几种文本编辑操作，如润色、扩写、提炼等，极大地方便了用户的文本处理需求。同时，它还具备多语种文档生成能力，支持英语、俄语、日语、韩语等10种外语文本的生成和互译。此外，讯飞智文的AI自动配图功能可以根据文本内容自动生成相应的图片，为用户提供了多样化的视觉素材选择。讯飞智文还提供了丰富的模板和配色方案，用户可以根据自己的需求随时切换，使文档内容排版更加灵活多样。讯飞智文智能Word操作界面如图5-5所示。

图 5-5　讯飞智文智能 Word 操作界面

此外，讯飞智文基于PPT内容自动生成演讲稿的功能，能够有效提升演讲准备的效率，让演讲更加流畅自信。讯飞智文智能PPT操作界面如图5-6所示。

图 5-6　讯飞智文智能 PPT 操作界面

讯飞智文的官网提供了详细的产品信息和使用指南，用户可以随时访问并开始体验这款智能文档生成工具带来的便捷。通过访问官网，用户可以注册账户、了解产品功能、下载生成的文档，并探索更多讯飞智文的高级应用。目前，讯飞智文是免费开放使用的，新用户注册后可以获得一定积分用于AI生成文档，每次使用会消耗一定积分，同时，邀请好友注册还可以获得额外积分。

技巧 02：讯飞智能办公本

接下来，我们介绍一款智能办公硬件——讯飞智能办公本，它集成了科大讯飞的核心 AI 技术，为用户提供智能办公服务。它利用墨水屏技术，为用户带来了接近纸质阅读的舒适体验，并支持高精度的手写识别功能，使书写流畅自然。该设备的核心功能之一是会议录音转文字，它能够实时将语音内容转换为文字记录，极大地提高了会议记录的效率。

此外，讯飞智能办公本支持多种方言和外语的识别与翻译，这使它在多语言环境下的工作中尤为实用。讯飞智能办公本还具备智能区分说话人的能力，能够根据声纹区分不同发言人并进行分角色转写，这对于会议记录的整理和后续的查阅非常有帮助。数据多端同步功能允许用户在不同设备间无缝切换工作，保持数据的一致性和可访问性。邮件收发、文档审阅批注等功能则进一步改善了办公体验，使得商务沟通和文档处理更加高效。讯飞智能办公本 X3 如图 5-7 所示。

图 5-7　讯飞智能办公本 X3

本章小结

本章通过深入实战场景的方式，介绍了讯飞星火在办公领域的多种应用。在文案应用方面，讯飞星火提供了公文润色、文件修订、申报书撰写、会议策划和数智化解决方案等功能，大大提高了文案处理的效率和质量。在 Excel 应用方面，通过 Excel 函数助手、Excel 公式编辑器、Excel 的 VBA 助手和文本转 Excel 等工具，用户能够更轻松地处理数据和制作表格。在 PPT 应用方面，通过 PPT 大纲助手、PPT 制作和 PPT 宣讲稿等功能，用户可以制作出更具吸引力和专业性的演示文稿。最后，在视频应用方面，讯飞星火提供了抖音爆款文案生成、节日祝福视频助手、短视频脚本助手等功能，助力用户创作出更具创意和影响力的视频内容。通过本章的学习，读者可以更全面地了解和运用讯飞星火在办公领域的各项应用，从而提升工作效率和质量。

第6章

编程辅助：讯飞星火在编程领域的应用指南

在本章中，我们将深入探讨讯飞星火在编程领域的应用。首先，我们为读者构建坚实的编程基础。接着，我们将探讨讯飞星火在提升编程能力方面的应用，助力读者在编程领域更加游刃有余。最后，我们将通过一个实战案例，展示如何利用讯飞星火进行项目规划与实施，从而全面提升读者在编程领域的技能水平和应用能力。通过本章的学习，相信读者能够利用讯飞星火提供的编程支持，显著提高工作效率，并在编程领域取得更加优异的成绩。

6.1 编程入门基础

在讲解讯飞星火在编程中的应用之前，我们先向读者介绍编程入门的基础知识。掌握这些基础知识将为读者后续的学习和应用打下坚实的基础，使读者能够更好地理解和使用讯飞星火来编写程序。

6.1.1 编程的定义

编程是一种创造性的过程，通过编写一系列指令或代码，以计算机可以理解和执行的方式，指导计算机完成特定的任务或解决特定的问题。我们可以将编程看作是给计算机下达命令的方式，类似于编写一份详细的指南或脚本，明确告诉计算机要执行的操作和步骤。

由于计算机并无法直接理解人类的自然语言，只能理解机器语言，因此开发人员使用类似于人类语言的结构和语法来编写代码。当我们使用编程语言编写好程序后，就可以使用编译器或解释器将代码转换为机器语言，使计算机能够理解和执行我们的指令。编程语言作为人与计算机交流的工具，提供了一套规则和语法，用于描述操作、控制流程和处理数据。不同的编程语言具有不同的特性、用途和适应范围。

编程的目标是将问题或需求转化为计算机可执行的代码。这需要理解问题的本质和要求，设计解决方案的算法和逻辑，将其转化为具体的代码实现。编程过程涉及使用变量、条件语句、循环结构、函数和数据结构等编程概念，并需要掌握编程语言的语法和特性。

编程的核心思想是将复杂的问题分解为更小、更易于管理的子问题，并通过逻辑和控制流程来组织和协调这些子问题的解决。编程要求思考清晰、逻辑严谨，注重细节和精确性。同时，它也需要创造性和灵活性，以找到最佳的解决方案，并适应问题的变化和需求的演变。

通过编程，人们可以开发出各种类型的软件应用程序、网站、移动应用、游戏、人工智能系统等。编程的应用范围涉及各个领域，如科学研究、商业应用、娱乐、教育等。它不仅是一种工具，更是一种思维方式和解决问题的能力。

以下是对编程中一些重要方面的详细解释。

1. 算法和逻辑

算法是解决问题的步骤和策略的描述，而逻辑是根据条件和规则来推理和决策的过程。在编程中，需要设计和实现适当的算法和逻辑，以达到预期的结果。

2. 数据类型和变量

编程语言提供了不同的数据类型，如整数、浮点数、字符串、布尔值等，用于表示不同类型的数据。变量是用来存储和操作数据的命名容器。在编程中，需要了解数据类型的特点和用法，并合理使用变量来处理数据。

3. 控制流程

控制流程用于决定代码的执行顺序和条件。常见的控制流程包括条件语句（如

if else语句）、循环结构（如for循环和while循环）、跳转语句（如break和continue语句）等。通过控制流程，可以根据不同的条件执行不同的代码块，或者重复执行一段代码。

4. 函数和模块化

函数是一段可重用的代码块，它接受输入参数并返回结果。通过将代码组织为函数，可以提高代码的可读性、重用性和维护性。模块化是一种将代码分割为独立模块的方法，每个模块负责特定的功能。模块化编程可以提高代码的可组织性和可维护性。

5. 数据结构和算法复杂度

数据结构是组织和存储数据的方式，如数组、链表、栈、队列、树、图等。算法复杂度是衡量算法执行时间和空间消耗的度量。在编程中，需要选择适当的数据结构和算法，以满足问题的要求并保证代码的效率。

6. 错误处理和异常

编程中难免会遇到错误和异常情况，如输入错误、运行时错误等。为了使程序更可靠，需要采取适当的错误处理机制和异常处理策略，如异常捕获、错误日志记录等。

7. 调试和测试

调试是定位和修复代码错误的过程。通过使用调试工具和技术，可以逐步执行代码并观察变量和输出，以找到问题所在。测试是验证代码的正确性和稳定性的过程，常见的测试方法包括单元测试、集成测试和系统测试等。

8. 版本控制和团队合作

版本控制是管理代码版本和协同开发的方法。使用版本控制工具，如Git，可以跟踪代码的历史记录、管理不同版本的代码，并支持多人协作开发。

以上是编程涉及的一些主要方面，它们共同构成了编程的基础知识和技能。理解和掌握这些概念和技术，可以帮助开发者更好地编写出高效、可维护和可扩展的代码，并解决复杂的问题。

总之，编程是一种创造性的过程，通过编写代码来指导计算机完成任务。它涉及理解问题、设计解决方案、使用编程语言和工具，以及不断迭代和改进。通过编程，人们能够利用计算机的能力开发出各种应用，实现自己的创意和想法，并推动科技的发展和社会的进步。

6.1.2 编程工具

编程工具是指在编写、调试和管理代码时使用的软件工具和环境。这些工具旨在提供便捷的开发体验，并帮助开发者提高效率和质量。以下是一些常见的编程工具及其介绍。

1. 集成开发环境（Integrated Development Environment，IDE）

IDE是一种集成了多个工具和功能的软件应用程序，旨在提供编写、调试和测试代码的全套工具。IDE通常包括代码编辑器、编译器、调试器、自动完成、代码导航和版本控制等功能。常见的IDE及其适用平台和特点如表6-1所示。

表6-1 常见的IDE及其适用平台和特点

名称	适用平台	特点
Visual Studio	Windows	提供强大的调试功能和可视化开发工具，支持多种编程语言
Xcode	macOS 和 iOS	专注于开发 macOS 和 iOS 应用程序，集成了代码编辑器、编译器、调试器和可视化界面设计工具
Eclipse	跨平台	开源 IDE，支持多种编程语言，具有丰富的插件生态系统，可扩展性强
IntelliJ IDEA	跨平台	专注于 Java 开发，提供智能代码编辑、代码分析和重构工具
PyCharm	跨平台	专门针对 Python 开发，提供代码自动完成、调试器和单元测试工具
Android Studio	Android	用于 Android 应用程序开发，基于 IntelliJ IDEA，提供 Android 虚拟设备模拟器和其他 Android 工具
Visual Studio Code	跨平台	轻量级代码编辑器，支持多种编程语言，插件丰富

2. 文本编辑器

文本编辑器是编写代码的基本工具，提供代码高亮、缩进、括号匹配等基本的文本编辑功能。常见的文本编辑器及其适用平台和特点如表6-2所示。

表6-2　常见的文本编辑器及其适用平台和特点

名称	适用平台	特点
Sublime Text	Windows、macOS、Linux	快速稳定，高度可定制，支持多种编程语言，包括语法高亮、代码片段、多光标编辑等功能
Atom	Windows、macOS、Linux	跨平台、免费开源，由 GitHub 开发，具有可定制化界面、丰富的插件生态系统和内置 Git 集成
Vim	Windows、macOS、Linux	键盘驱动的编辑器，兼容性强，支持高度定制和可扩展性，适用于经验丰富的用户
JetBrains PhpStorm	Windows、macOS、Linux	专注于 PHP 开发，提供智能代码补全、重构工具、调试器等功能，支持框架集成和版本控制系统
Notepad++	Windows	免费轻量级，支持多种编程语言，包括语法高亮、宏录制、代码折叠等功能

3. 命令行界面（Command Line Interface，CLI）

　　CLI 是一种通过命令行输入指令和参数与计算机进行交互的界面。在 CLI 中，开发人员可以使用命令行工具执行各种编程任务，如编译代码、运行脚本、版本控制等。常见的命令行工具及其适用平台和特点如表6-3所示。

表6-3　常见的命令行工具及其适用平台和特点

名称	适用平台	特点
Bash	Unix、Linux、macOS	标准的 Unix shell，具有强大的脚本编程、命令历史记录、自动补全和管道等功能
Windows PowerShell	Windows	Windows 上的默认 shell，集成 .NET Framework，支持脚本编程、强大的命令行功能和对象导向的管道
CMD	Windows	Windows 上的传统命令行界面，提供基本的系统管理任务和命令行操作
Zsh	Unix、Linux、macOS	扩展的 Bourne shell，具有高度的可定制性、自动补全、插件支持和主题等功能
Fish	Unix、Linux、macOS	用户友好的 shell，具有语法高亮、智能补全、命令历史记录和自动提示等功能
Windows Terminal	Windows	提供多个 shell（如 PowerShell、CMD、WSL）的集成，支持分页、多标签和自定义主题等功能

4. 调试器（Debugger）

调试器是一种工具，用于帮助开发人员识别和修复代码中的错误和问题。调试器允许开发人员逐行执行代码、观察变量的值和状态，并提供其他调试功能，如设置断点、单步执行、查看堆栈跟踪等。常见的调试器及其适用平台和特点如表6-4所示。

表6-4 常见的调试器及其适用平台和特点

名称	适用平台	特点
Visual Studio Debugger	Windows、macOS	强大的调试功能，包括断点调试、单步执行、变量监视、堆栈跟踪和条件断点等，适用于多种编程语言和框架
GDB	Unix、Linux、macOS	功能强大的命令行调试器，支持多种编程语言，包括 C、C++、Python 等，提供断点调试、内存查看、寄存器监视等功能
Chrome DevTools	Web 浏览器	用于调试 Web 应用程序，提供强大的前端调试功能，包括 JavaScript 断点调试、网络请求分析、DOM 查看等功能
LLDB	Unix、Linux、macOS	用于调试 C、C++、Objective-C 和 Swift 的调试器。具有类似于 GDB 的功能，提供命令行界面和 Python 脚本扩展
Xcode Debugger	macOS、iOS	集成在 Xcode 中，用于调试 macOS 和 iOS 应用程序，支持断点调试、变量监视、内存查看等功能，提供可视化界面
PyCharm Debugger	Windows、macOS、Linux	专门用于 Python 开发的调试器，集成在 PyCharm IDE 中，提供断点调试、变量监视、表达式求值等功能
Android Debug Bridge	Android	用于在 Android 设备上进行调试和开发的命令行工具，支持应用程序调试、设备状态监视、日志查看等功能

5. 版本控制系统（Version Control System，VCS）

VCS 是一种记录和管理代码修改历史的工具，它可以跟踪代码的变化、协调多个开发者的工作、回滚到以前的版本等。常见的版本控制系统及其适用平台和特点如表6-5所示。

表6-5　常见的版本控制系统及其适用平台和特点

名称	适用平台	特点
Git	跨平台	分布式版本控制系统，具有高效的分支管理、快速地提交和合并操作、本地版本控制和强大的协作等功能，广泛应用于开发领域
Subversion	跨平台	集中式版本控制系统，具有简单的用户界面，易于学习和使用，支持文件和目录级别的版本控制和权限管理
Mercurial	跨平台	分布式版本控制系统，与 Git 类似，具有简单易用的命令和工作流程，强调易学易用的设计理念
Perforce	跨平台	集中式版本控制系统，主要用于大型项目和团队，具有高性能、强大的文件版本控制和工作流管理等功能
TFVC	Windows	集中式版本控制系统，由 Microsoft 提供，与 Visual Studio 和 Azure DevOps 集成，适用于 Microsoft 生态系统的开发

6. 虚拟化和容器化工具

　　虚拟化和容器化工具允许开发人员在单个计算机上运行多个独立的虚拟环境或容器，以便在不同的开发环境中工作。常见的虚拟化和容器化工具及其适用平台和特点如表6-6、表6-7所示。

表6-6　常见的虚拟化工具及其适用平台和特点

名称	适用平台	特点
VMware	Windows、macOS、Linux	提供全面的虚拟化解决方案，包括虚拟机管理、资源分配、快照、迁移和网络虚拟化等功能
VirtualBox	Windows、macOS、Linux	免费开源的虚拟化平台，易用且支持广泛的操作系统，可创建和管理虚拟机
Hyper-V	Windows	Windows 上的虚拟化平台，提供虚拟机管理、快照、动态内存和网络虚拟化等功能

表6-7　常见的容器化工具及其适用平台和特点

名称	适用平台	特点
Docker	跨平台	开源的容器化平台，提供轻量级、可移植的容器化解决方案，具有快速部署、隔离性和可扩展性等优势

名称	适用平台	特点
Kubernetes	跨平台	开源的容器编排和管理平台，用于自动化部署、扩展和管理容器化应用程序，提供高可用性和弹性伸缩等功能
Podman	Linux	开源的容器运行时工具，用于管理和运行容器，与 Docker 兼容，但不需要守护进程，提供更轻量级的容器体验
Linux Containers	Linux	轻量级的容器化解决方案，提供操作系统级别的虚拟化，可创建和管理 Linux 容器，具有高性能和低开销等优势

7. 在线资源和文档

互联网上有许多在线资源和文档可供开发人员学习和查询相关编程知识。这些资源包括编程教程、文档、论坛、博客和开发者社区。常见的在线资源和文档及其访问方式和特点如表6-8所示。

表6-8　常见的在线资源和文档及其访问方式和特点

名称	访问方式	特点
Stack Overflow	Web访问	程序员社区问答网站，提供大量的编程问题和解答，涵盖各种编程语言和技术领域
GitHub	Web访问	基于 Git 的代码托管平台，开源项目和私有仓库，提供代码托管、版本控制、协作和问题跟踪等功能
GitLab	Web访问	类似于 GitHub 的代码托管平台，提供代码托管、版本控制、CI/CD、问题跟踪等功能，支持自托管部署
MDN	Web访问	Web 开发者文档和资源的综合平台，提供关于 HTML、CSS、JavaScript 等技术的详细文档和示例代码
Microsoft Docs	Web访问	微软官方文档和教程平台，提供关于 Microsoft 技术栈的广泛文档，包括 Azure、.NET、Windows 等
Oracle Documentation	Web访问	Oracle 官方文档和教程平台，提供关于 Oracle 数据库、Java、MySQL 等技术的详细文档和示例代码
W3Schools	Web访问	Web 开发入门和参考指南，提供关于HTML、CSS、JavaScript、SQL 等技术的简明教程和实例代码

6.1.3　编程语言

编程语言是一种用于编写计算机程序的形式化语言。它是人与计算机之间进行交流和指导的工具，通过编写特定的语法和语义规则，以及使用预定义的指令集和函数库，来描述计算机需要执行的操作和逻辑。它为开发者提供了一种表达和组织代码的方式，以实现特定的任务和功能。编程语言可用于开发各种类型的软件应用，如桌面应用、Web 应用、移动应用、嵌入式系统、游戏等。

编程语言通常包括以下几个组成部分。

（1）语法：规定了编程语言的结构和格式，包括变量、函数、语句和表达式的书写规则。

（2）语义：定义了编程语言中各种语法结构的意义和行为，即代码的执行方式和结果。

（3）指令集：提供了一组可执行的操作指令，用于完成特定的计算任务，如算术运算、条件判断、循环等。

（4）函数库：包含一系列预定义的函数和工具，用于简化常见任务的实现，如文件操作、网络通信、图形绘制等。

常见的编程语言包括 Python、JavaScript 等，以下是几种典型的编程语言及其特点。

1. Python

Python 是一种高级、通用、解释型的编程语言，具有简洁易读的语法。它拥有强大的标准库和丰富的第三方库生态系统，适用于多个领域的应用开发，如Web 开发、数据分析、人工智能、科学计算等。Python 具有广泛的社区支持和大量的学习资源，易于学习和上手。

2. JavaScript

JavaScript 是一种脚本语言，主要用于 Web 开发，为网页添加交互和动态功能。它拥有广泛的浏览器支持，在客户端执行，同时也可以在服务器端使用 Node.js 运行。JavaScript 拥有丰富的库和框架，如 React、Angular 和 Vue.js，便于构建复杂的Web 应用。

3. Java

Java 是一种跨平台的面向对象的编程语言，广泛应用于企业级开发和 Android

应用开发。它拥有强大的生态系统和丰富的类库,提供了安全性、可靠性和可扩展性。Java 在大型系统、分布式应用、游戏开发等领域具有广泛应用。

4. C++

C++ 是一种通用的高级编程语言,既支持过程式编程,也支持面向对象编程。它被广泛用于系统级开发、游戏开发、嵌入式系统和高性能应用等领域。C++ 具有高效、灵活的内存管理和广泛的库支持。

5. C#

C# 读作 C Sharp,是微软公司开发的面向对象的编程语言,主要用于 Windows 平台的应用开发。它是 .NET 框架的一部分,具有良好的类型安全性和内存管理功能。C# 在游戏开发、企业级应用和桌面应用开发方面得到了广泛应用。

6. Swift

Swift 是由苹果公司开发的面向 iOS 和 Mac 应用开发的编程语言。它结合了 C 和 Objective-C 的特点,并添加了现代化的语法和强大的类型推断功能。Swift 具有易学易用、安全、高性能等特点,成为开发 iOS 和 Mac 应用的首选语言。

这些编程语言在不同的领域和应用中具有各自的优势和特点。选择适合的编程语言取决于项目需求、开发目标、团队技能和资源等因素。

6.1.4 编程的过程

编程是一种通过编写代码来实现特定任务或解决问题的过程。它涉及将问题分解为可执行的步骤,然后使用编程语言来表达这些步骤,并最终将其转化为计算机可以理解和执行的指令集。以下是编程的详细过程。

1. 理解问题和需求

需要准确地理解要解决的问题或实现的需求。这可能涉及与项目经理、客户或团队成员的沟通,以确保对需求和目标有清晰的认识。要确切地知道需要解决的问题,以及所需的输出和预期结果。

2. 设计算法和逻辑

一旦理解了问题或需求,下一步是设计解决问题的算法或逻辑。这涉及确定问题的解决方案,并将其分解为一系列可执行的步骤。将大问题分解为更小、更易管理的子问题。使用流程图、伪代码或其他工具来描述解决方案的算法和逻辑,以及所需的输出结果。这个阶段是问题解决方案的规划和设计阶段。

3. 选择编程语言和工具

根据问题的性质和需求，选择适合的编程语言和工具。不同的编程语言适用于不同的应用领域和开发目标。可以根据自身对语言的熟悉程度、项目要求以及可用资源，选择合适的开发工具和集成开发环境（IDE），以提高开发效率和代码质量。

4. 编写代码

在选择了编程语言和工具后，就可以开始编写代码了。根据算法和逻辑设计，使用所选的编程语言来编写代码。这包括创建变量、函数、类和其他必要的组件，以实现所需的功能。在编写代码时，要遵循所选编程语言的语法和规范，保持代码的一致性和可读性。使用有意义的变量和函数命名，以增强代码的可理解性和可维护性。

5. 调试和测试

在编写完代码后，进行调试和测试是至关重要的。调试是指查找和修复代码中的错误（也称为 bug）。测试是验证代码的正确性和可靠性，以确保其按照预期工作。这包括单元测试、集成测试和系统测试，以确保代码的各个部分及整体功能都正常运行。使用调试工具和技术，逐行检查代码并定位错误。运行各种测试，如单元测试、集成测试和系统测试等，以验证代码的正确性和鲁棒性。处理错误和异常情况，并确保代码能够适应各种输入和情况。

6. 运行和部署

一旦代码通过了调试和测试阶段，就可以将其部署到目标环境中运行。这可能是在本地计算机上运行、部署到服务器上，或者在特定的设备或平台上运行。在部署过程中，确保代码和所需的依赖项正确安装和配置，并验证其在目标环境中的正常运行。

7. 维护和优化

在代码运行期间，可能需要对其进行维护和优化。维护包括定期检查代码，并进行必要的更新和修复工作，如修复错误、更新功能和处理用户反馈。优化则涉及改进代码的性能、效率和可读性，以提高程序的质量和用户体验。定期的维护和优化可以确保代码的稳定性和持续可用性。

　　编程过程是一个迭代的过程，需要不断地分析、设计、编写、测试和改进。在实践中需要逐步积累更多的经验，提高编程技能，并采用更高级的编程概念和工具来解决更复杂的问题。

6.2　星火编程能力

　　讯飞星火在编程领域展现了其卓越的实力，涵盖了代码生成、问题求解、代码优化、文档生成及错误查找等多个方面。尽管讯飞星火在编程中有广泛的应用，但它仅是一个语言模型，其回答和建议可能需经开发者评估和验证。

　　在编程过程中，用户应始终关注代码质量和安全性，并结合个人经验和判断进行决策和调整。接下来，让我们通过一系列实例来深入了解讯飞星火在编程实践中的多样应用和表现。

6.2.1　生成编程代码

　　生成代码是指利用编程语言和工具创建程序代码的过程，讯飞星火具备高效的代码生成能力，能够根据开发者的需求快速生成各种类型的代码，无论是基础的数据结构还是复杂的算法，讯飞星火都能够提供准确的代码示例，为开发者提供实用的参考和指导，从而加速开发过程并提高代码质量。

> **指令：**
> 　　请用C#语言生成一段代码，实现随机出题的功能，一键生成10道100以内加减法的计算题目。

讯飞星火回答：
以下是一个简单的C#代码示例，用于生成10道100以内的加减法题目：

```csharp
using System;
class Program
{
    static void Main()
    {
        Random rand = new Random();
        for (int i = 0; i < 10; i++)
```

```
            {
                int a = rand.Next(0, 100);
                int b = rand.Next(0, 100);
                if (rand.Next(0, 2) == 0)
                {
                    Console.WriteLine($"{a} + {b} = ?");
                }
                else
                {
                    if (a < b)
                    {
                        int temp = a;
                        a = b;
                        b = temp;
                    }
                    Console.WriteLine($"{a} - {b} = ?");
                }
            }
        }
    }
```

在这段代码中，我们首先创建了一个Random对象来生成随机数。然后，我们在一个循环中生成10个问题。对于每个问题，我们生成两个随机数a和b，并使用另一个随机数决定是做加法还是减法。如果选择做加法，我们直接输出问题；如果选择做减法，我们先确保a大于或等于b，然后输出问题。

这段C#代码实现了生成随机加减法题目的功能，结构清晰，易于理解，具有一定的实用性和可读性，能够为开发者提供实用的参考和指导。同时，对代码给出了分析和解释，有助于读者理解代码的设计思路和实现细节，提高了代码的可理解性和可维护性。

6.2.2　编程问题求解

问题求解是指确定问题、找出问题的原因、识别解决方案、优先排序和选择最佳方案的行为，这是开发过程中必备的技能。在面对复杂的编程问题时，讯飞星火能够提供多种可能的解决方案。它通过分析问题的关键点，结合已有的知识和经验，为开发者提供指导性建议和创造性的思路，帮助他们更快地找到解决问题的途径，从而提高解决复杂编程难题的效率。

指令：

我想开发一个物流管理系统，用于管理和优化物流运输、库存管理和配送过程。请用系统建模部分的时序图描述系统中对象之间的交互顺序和消息传递关系。

讯飞星火回答：

时序图是一种UML（统一建模语言）图形，用于描述对象之间的交互顺序和消息传递关系。以下是一个简单的物流管理系统的时序图示例。

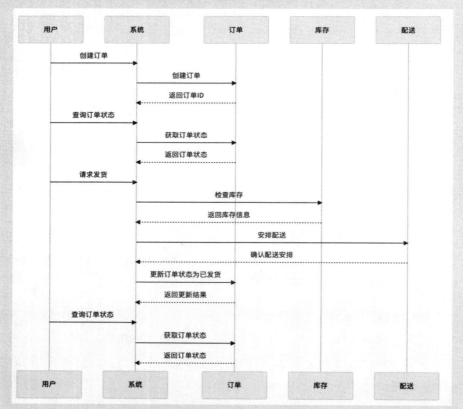

图 6-1　物流管理系统时序图

在这个示例中，用户与系统进行交互，通过创建订单、查询订单状态和请求发货等操作来管理物流。系统负责处理这些请求，并与订单、库存和配送等对象进行通信以完成相应的任务。请注意，这只是一个简化的示例，实际的物流管理系统可能会涉及更多的对象和更复杂的交互逻辑。根据具体需求，用户可以进一步扩展和定制这个时序图。

讯飞星火在处理编程问题求解任务时，展现了其卓越的能力，能够提供详细的指导性建议和创造性的思路，其高效、灵活和用户友好的特点，能够显著提升用户解决复杂编程问题的能力。

6.2.3　对代码进行优化

代码优化是指修改软件系统以改善其性能。在编译器设计中，代码优化是合成阶段的一个重要环节，涉及程序转换技术，旨在通过调整中间代码来提高程序性能和效率。讯飞星火能够对已有的代码进行优化，能够识别出代码中的性能瓶颈，并提供改进的建议。同时，它还能对代码结构进行调整，使其更加简洁和易于理解。这一能力对于提高代码质量和开发效率具有重要意义。

🔟 **指令：**

这段代码实现了在网站系统中发布文章的功能，但是缺失了防止 SQL 注入的部分，请对该段代码进行安全性优化。

```
using System;
using System.Data.SqlClient;
namespace HelloWorld
{
    class Program
    {
        static void Main(string[] args)
        {
            // 获取用户输入的标题和内容
            Console.WriteLine("请输入文章标题: ");
            string title = Console.ReadLine();
            Console.WriteLine("请输入文章内容: ");
            string content = Console.ReadLine();
            // 连接数据库
            string connectionString = "Data Source=(local);
                Initial Catalog=YourDatabase;
                Integrated Security=True";
            using (SqlConnection connection =
                new SqlConnection(connectionString))
            {
                connection.Open();
```

```
            // 构建SQL语句，将用户输入的标题和内容拼接到字符串中
            string sql = $"INSERT INTO Articles (Title,
                Content) VALUES ('{title}', '{content}')";
            // 执行SQL语句
            using (SqlCommand command =
                new SqlCommand(sql, connection))
            {
                command.ExecuteNonQuery();
            }
        }
        Console.WriteLine("文章发布成功！");
    }
}
}
```

🔸讯飞星火回答：

```csharp
using System;
using System.Data.SqlClient;
namespace HelloWorld
{
    class Program
    {
        static void Main(string[] args)
        {
            // 获取用户输入的标题和内容
            Console.WriteLine("请输入文章标题：");
            string title = Console.ReadLine();
            Console.WriteLine("请输入文章内容：");
            string content = Console.ReadLine();
            // 连接数据库
            string connectionString = "Data Source=(local);
                Initial Catalog=YourDatabase;
                Integrated Security=True";
            using (SqlConnection connection =
                new SqlConnection(connectionString))
            {
```

```
        connection.Open();
        // 构建SQL语句，使用参数化查询防止SQL注入
        string sql = "INSERT INTO Articles (Title,
            Content) VALUES (@title, @content)";
        // 执行SQL语句
        using (SqlCommand command =
            new SqlCommand(sql, connection))
        {
            // 添加参数并设置值，避免直接拼接字符串导致的
            SQL注入风险
            command.Parameters.AddWithValue(
                "@title", title);
            command.Parameters.AddWithValue(
                "@content", content);
            command.ExecuteNonQuery();
        }
    }
    Console.WriteLine("文章发布成功！");
        }
    }
}
```

优化后的代码实现了在网站系统中发布文章的功能，将文章的标题和内容插入数据库中的文章表中。对原始代码进行了安全性优化，主要针对SQL注入漏洞。通过使用参数化查询，避免了将用户输入直接拼接到SQL语句中，从而降低了SQL注入的风险。在构建SQL语句时，使用了参数占位符（@title和@content），然后通过command.Parameters.AddWithValue()方法为这些占位符添加具体的值。这样可以确保用户输入的数据不会被解释为SQL代码，提高了代码的安全性。

讯飞星火在代码安全性优化方面展现出了专业性和实用性，提供了一个安全高效的解决方案。通过利用讯飞星火的能力，开发者可以更好地优化代码，提高程序的性能和安全性。

6.2.4　文档生成

文档生成是指使用文档工具和语言生成项目文档、技术文档或用户手册的过程。这有助于维护代码库、团队协作和项目管理。讯飞星火还具备文档生成的能力，

它能够根据代码自动生成详细的注释和文档，包括函数的功能描述、参数说明及使用示例等。这一功能极大地减轻了程序员编写文档的负担，同时也提高了代码的可维护性。

🔟 **指令：**

请根据开发人员提供的下列信息，生成一份完整的 API 接口文档。

1. 接口名称：getUser

2. 请求方法：GET

3. URL：/api/users/{id}

4. 参数：

id (string)：用户 ID

5. 返回值：

name (string)：用户名

email (string)：邮箱地址

6. 接口描述：该接口用于获取特定用户的信息。

7. 示例请求：

URL: /api/users/123

方法：GET

8. 示例响应：

状态码：200 OK

响应正文：

```
{
  "name": "John Doe",
  "email": "johndoe@example.com"
}
```

9. 错误响应：

状态码：404 Not Found

错误消息：用户不存在

10. 认证和授权：需要用户身份验证，并具有访问用户信息的权限。

🎵 **讯飞星火回答：**

API 接口文档

1. 接口名称

getUser

2. 请求方法

GET

3. URL

/api/users/{id}

4. 参数

参数名	类型	描述
id	string	用户 ID

5. 返回值

参数名	类型	描述
name	string	用户名
email	string	邮箱地址

6. 接口描述

该接口用于获取特定用户的信息。

7. 示例请求

URL: /api/users/123

方法：GET

8. 示例响应

状态码：200 OK

响应正文：

```
{
  "name": "John Doe",
  "email": "johndoe@example.com"
}
```

9. 错误响应

状态码：404 Not Found

错误消息：用户不存在

10. 认证和授权

需要用户身份验证，并具有访问用户信息的权限。

　　讯飞星火展示了强大的文档生成能力，根据提供的接口信息，生成了一份完整的 API 接口文档。这种自动生成文档的功能减轻了开发人员编写文档的负担，提高了代码的可维护性和团队协作效率。

6.2.5 查找代码错误

查找代码错误是指在程序开发过程中识别和解决错误或 bug 的过程。讯飞星火能够有效地查找代码中的错误，它通过对代码进行分析，能够准确地定位到错误的来源，并提供修复的建议，这一能力对于保证代码的正确性和稳定性具有重要作用。

🔟 **指令：**

请检查下面一段代码，如果有错误请找出来，并修改。

```
using System;
namespace ErrorExample
{
    class Program
    {
        static void Main(string[] args)
        {
            int x = 5;
            int y = 0;
            int result = Divide(x, y);
            Console.WriteLine($"Result: {result}");
        }
        static int Divide(int a, int b)
        {
            return a / b;
        }
    }
}
```

🔊 **讯飞星火回答：**

这段代码中的错误在于尝试除以零。在数学中，除以零是未定义的，因此在计算机编程中，这会导致错误。为了解决这个问题，我们可以在 Divide 方法中添加一个检查，如果 b 为 0，就抛出一个异常。

修改后的代码如下：

```csharp
using System;
```

```
namespace ErrorExample
{
    class Program
    {
        static void Main(string[] args)
        {
            int x = 5;
            int y = 0;
            try
            {
                int result = Divide(x, y);
                Console.WriteLine($"Result: {result}");
            }
            catch (DivideByZeroException)
            {
                Console.WriteLine("Error: Division by zero
                    is not allowed.");
            }
        }
        static int Divide(int a, int b)
        {
            if (b == 0)
            {
                throw new DivideByZeroException();
            }
            return a / b;
        }
    }
}
```

　　在这段修改后的代码中，我们使用了try-catch语句来捕获可能出现的
DivideByZeroException异常。如果b为0，我们就抛出这个异常，并在catch块中
处理它，输出一个错误消息。

　　讯飞星火在查找代码错误方面表现出色，这种能力有助于开发者及时发现并
修复代码中的错误，提高了代码的健壮性和可靠性，为开发者提供了可靠的支持
和指导。

6.3 实战: 编写一个"计算器"程序

下面, 我们将通过项目规划、HTML 文件生成计算器 Web 应用主页、CSS 文件定义计算器界面样式、JavaScript 文件实现计算器计算功能等几个步骤完成一个实例。通过这个案例, 我们可以了解讯飞星火在编程中的应用及其在项目开发中的作用。

6.3.1 项目规划

在开始编写计算器的 Web 应用程序之前, 我们需要进行一些项目规划。这包括确定开发环境、选择编程语言和技术栈、制定开发计划等。我们向讯飞星火询问, 寻求帮助和建议, 确保我们的项目顺利进行。

> 🖢 **指令:**
>
> 请在 Visual Studio 中编写一个计算器程序, 需要用到 HTML 文件、CSS 文件和 JavaScript 文件来实现。请提供一份项目规划和流程梳理。

🖢 **讯飞星火回答:**

项目规划和流程梳理如下。

1. 设计 HTML 结构: 我们需要创建一个 HTML 文件来构建计算器的界面。在这个文件中, 我们将创建一个简单的表单, 包括输入框、按钮等元素。我们可以使用 `<form>` 标签来包裹这些元素, 并为其添加一个唯一的 ID, 以便在 CSS 和 JavaScript 中引用。

2. 编写 CSS 样式: 我们需要创建一个 CSS 文件来美化计算器的界面。在这个文件中, 我们将为 HTML 元素添加样式, 如设置背景颜色、字体大小、边距等。我们可以通过为 HTML 元素添加类名或 ID 来引用它们, 并在 CSS 文件中定义相应的样式规则。

3. 编写 JavaScript 逻辑: 我们需要创建一个 JavaScript 文件来实现计算器的功能。在这个文件中, 我们将编写函数来处理用户输入的数字和运算符, 执行相应的计算操作。我们可以通过获取 HTML 元素的值或触发事件来实现这些功能。同时, 我们还需要处理一些特殊情况, 如除数为零的情况。

4. 整合 HTML、CSS 和 JavaScript: 将 HTML、CSS 和 JavaScript 文件整合到一个 Visual Studio 项目中。确保 HTML 文件正确引用了 CSS 和 JavaScript 文件, 以便在浏览器中正确加载和显示计算器界面及实现其功能。

5. 测试和调试: 在 Visual Studio 中运行项目, 检查计算器程序是否按预期工作。

使用浏览器的开发者工具进行调试和修复遇到的问题。

　　6. 优化和改进：根据测试结果，对计算器程序进行优化和改进，如提高性能、增加新功能等。

　　讯飞星火提供了详细的项目规划和流程梳理，以及所需的全部步骤，每个步骤都有清晰的说明和指导，有助于开发者有条不紊地进行项目开发，确保项目顺利进行。对于初学者而言，这些指导具有不可取代的意义。

6.3.2　HTML 文件生成计算器 Web 应用主页

　　在这一步中，我们将开始编写 HTML 文件，用于生成计算器的 Web 应用主页。HTML 文件是构建 Web 页面的基础，它定义了页面的结构和内容。我们将使用 HTML 标记语言来创建计算器的用户界面，包括数字按钮、运算符按钮和显示屏等元素，以便用户可以在网页上进行简单的计算操作。具体操作步骤如下。

　　第1步 ▶ 在 Visual Studio 2015 中创建 Web 项目，执行"文件→新建→网站"命令，如图 6-2 所示。

　　第2步 ▶ 选择 "ASP.NET 空网站"，

图 6-2　新建网站

并设置项目保存路径为 "C:\calculator"，系统自动创建与项目同名的解决方案，单击"确定"按钮，如图 6-3 所示。

图 6-3　新建 ASP.NET 空网站

　　第3步 ▶ 在解决方案中的 "calculator" 项目处单击鼠标右键，在弹出的菜单中执行"添加→添加新项"命令，添加新项，如图6-4所示。

图6-4　添加新项

第4步 ▶ 在弹出的菜单中选择"HTML 页"选项，单击"添加"按钮，项目中新增加 HtmlPage.html 文件，如图6-5所示。

图6-5　选择"HTML 页"选项

第5步 ▶ 使用下面的指令，让讯飞星火自动生成HTML文件代码，然后再将代码（6-1）复制到新生成的HtmlPage.html 文件中。

> **🔟 指令：**
> 请在 Visual Studio 中用 C# 语言编写一个 Web 应用程序，实现计算器功能。

> **🔥 讯飞星火回答：**
> 　　根据您的要求，我为您提供了一个用C#语言编写的简单计算器程序。首先，您需要在 Visual Studio 2015 中创建一个新的 ASP.NET Web 应用程序项目。然后，按照以下步骤进行操作。
> 　　1. 在项目中添加一个 HTML 文件（如 Default.aspx），并将其设置为起始页面。
> 　　2. 在 Default.aspx 文件中，添加以下 HTML 代码以创建计算器的界面。

```html
<!DOCTYPE html>
<html>
<head>
    <title>计算器</title>
    <link rel="stylesheet" href="a.css" />
    <script src="a.js"></script>
  </head>
<body>
    <form id="calculatorForm">
        <input type="text" id="display" readonly />
        <br />
        <input type="button" value="1"
            onclick="appendNumber(1)" />
        <input type="button" value="2"
            onclick="appendNumber(2)" />
        <input type="button" value="3"
            onclick="appendNumber(3)" />
        <input type="button" value="+"
            onclick="appendOperator('+')" />
        <br />
        <input type="button" value="4"
            onclick="appendNumber(4)" />
        <input type="button" value="5"
            onclick="appendNumber(5)" />
        <input type="button" value="6"
            onclick="appendNumber(6)" />
        <input type="button" value="-"
            onclick="appendOperator('-')" />
        <br />
        <input type="button" value="7"
            onclick="appendNumber(7)" />
        <input type="button" value="8"
            onclick="appendNumber(8)" />
        <input type="button" value="9"
            onclick="appendNumber(9)" />
        <input type="button" value="*"
            onclick="appendOperator('*')" />
        <br />
```

```
            <input type="button" value="0"
                onclick="appendNumber(0)" />
            <input type="button" value="C"
                onclick="clearDisplay()" />
            <input type="button" value="="
                onclick="calculateResult()" />
            <input type="button" value="/"
                onclick="appendOperator('/')" />
        </form>
    </body>
</html>
```

第6步 ▶ 在 Visual Studio 中，执行菜单栏"调试→开始调试"命令，运行 HtmlPage.html 文件，得到计算器程序 Web 应用程序的运行效果，如图 6-6 所示。

讯飞星火通过提供完整的代码，让开发者可以轻松创建一份 HTML 文件，实现了计算器 Web 应用的主页功能。

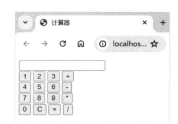

图 6-6　Web 应用程序的运行结果

6.3.3　CSS 文件定义计算器界面样式

接下来，我们将编写 CSS 文件，用于定义计算器界面的样式。CSS（层叠样式表）文件主要作用是为网页添加样式，它负责网页的视觉呈现，包括字体、颜色、边框、背景和布局等。在 HTML 文件中引用 CSS 文件，可以将样式应用到 HTML 元素上，以定义网页的外观和布局。我们将为页面元素添加样式和布局，以确保计算器界面具有精美的外观和良好的用户体验。

第1步 ▶ 在解决方案中的"calculator"项目处单击鼠标右键，在弹出的菜单中执行"添加→添加新项"命令。

第2步 ▶ 在弹出的菜单中选择"样式表"选项，单击"添加"按钮，项目中新增加了 StyleSheet.css 文件，如图 6-7 所示。

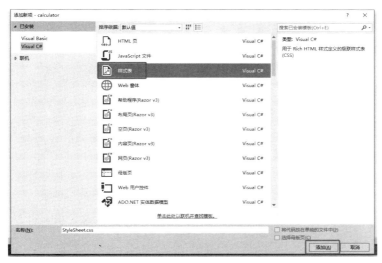

图 6-7　选择"样式表"选项

第3步 ▶ 使用下面的指令，让讯飞星火生成样式表CSS文件代码，然后将下面的代码（6-2）复制到新生成的StyleSheet.css文件中。

🔟 **指令：**

　接下来，请写出CSS文件，用于计算器界面的样式设置，需要保证计算器界面精美友好，并且是彩色的。

🔹**讯飞星火回答：**

　您可以在项目中添加一个CSS文件，并添加以下代码以美化计算器界面。

```css
body {
    display: flex;
    justify-content: center;
    align-items: center;
    height: 100vh;
    margin: 0;
    background-color: #f0f0f0;
}
#calculatorForm {
    border: 2px solid #ccc;
    border-radius: 10px;
    background-color: #fff;
    padding: 20px;
```

```
    width: 320px;
    box-shadow: 0 0 10px rgba(0, 0, 0, 0.1);
}
#display {
    width: calc(100% - 40px);
    margin-bottom: 10px;
    font-size: 1.5rem;
    text-align: right;
    padding: 10px;
    border: 1px solid #ccc;
    border-radius: 5px;
}
input[type="button"] {
    border: none;
    background-color: #4CAF50;
    color: white;
    font-size: 1.2rem;
    padding: 20px 25px;
    margin: 5px;
    cursor: pointer;
    transition: background-color 0.3s;
    border-radius: 5px;
}
input[type="button"]:hover {
    background-color: #45a049;
}
```

第4步 ● 执行菜单栏"调试→开始调试"命令，运行HtmlPage.html文件，得到计算器程序Web应用程序引用CSS文件后的效果，如图6-8所示。

讯飞星火在定义计算器界面样式方面展现出了高效和准确的特点。通过生成CSS代码，为计算器界面添加精美的样式和布局，使其具有更好的视觉效果和用户体验。

图6-8　引用CSS文件后的效果

6.3.4　JavaScript 文件实现计算器计算功能

在这一步中，我们将使用 JavaScript 编写文件，实现计算器的计算功能。JavaScript 是一种用于开发交互式网页和网页应用的脚本语言，它能够创建网页交互、表单验证、动画效果、数据处理、异步请求等多种功能。在 HTML 文件中引入 JavaScript 文件，可以在网页加载时执行 JavaScript 代码，实现网页的交互和动态效果。我们将添加事件处理程序和算法来处理用户输入，并实现加法、减法、乘法和除法等基本运算。

第1步 ▶ 在解决方案中的"calculator"项目处单击鼠标右键，在弹出的菜单中执行"添加→添加新项"命令。

第2步 ▶ 在弹出的菜单中选择"JavaScript 文件"选项，单击"添加"按钮，项目中新增加 JavaScript.js 文件，如图 6-9 所示。

图 6-9　选择"JavaScript 文件"选项

第3步 ▶ 使用下面指令，让讯飞星火生成 JavaScript 文件代码，并将下面的代码（6-3）复制到新生成的 JavaScript.js 文件中。

⌒ 指令：

　请写出 JavaScript 文件代码，用于实现计算器的计算功能，并确保计算结果都正确。

⚲ 讯飞星火回答：

```
function appendNumber(number) {
```

```
    document.getElementById("display").value += number;
}

function appendOperator(operator) {
    document.getElementById("display").value += operator;
}

function clearDisplay() {
    document.getElementById("display").value = "";
}

function calculateResult() {
    try {
        let result = eval(
            document.getElementById("display").value);
        document.getElementById("display").value = result;
    } catch (error) {
        alert("输入的表达式有误，请检查后重新输入。");
    }
}
```

第4步 执行菜单栏"调试→开始调试"命令，运行HtmlPage.html文件，得到计算器Web应用程序引用JavaScript文件后的页面，我们单击计算器按钮，输入算式"69*3"后页面显示效果如图6-10所示。

讯飞星火生成的JavaScript文件代码实现了计算器的计算功能。单击计算器按钮，页面能够正确显示操作结果，证明JavaScript文件实现了页面交互功能。

图6-10　输入算式"69*3"后页面显示效果

6.3.5　案例效果展示

接下来，我们将展示计算器Web应用程序计算功能的运行效果。在输入算式"69*3"后，单击"="按钮，计算器界面显示结果为"207"，表明计算器程序的计算功能正常运行，如图6-11所示。这一效果验证了计算器应用程序的可靠性和准确性，用户可以放心地使用该计算器应用程序进行各种计算任务。

讯飞星火在计算器程序的实战项目中，展现了强大的编程辅助能力。从项目规划到具体实现，讯飞星火提供了详尽的步骤和代码示例，使开发流程清晰明确，确保了应用程序的功能性和界面的友好性。通过这个实例，我们可以了解讯飞星火在编程能力方面的高效性以及准确性，展示其在开发中的巨大应用价值。

图 6-11　显示计算结果

专家点拨

技巧 01：什么是代码大模型

代码大模型是指那些具有大规模参数和复杂计算结构的机器学习模型，它们通过在大量数据上进行训练来学习编程相关的知识和模式。

这些模型能够自动生成、补全、纠错和解释代码，并且可以与开发者合作，为软件开发的全过程提供智能编程支持。代码大模型通常基于深度学习架构，如Transformer，能够从大量代码和算法中学习，为开发者提供强大的AI辅助编程能力。

技巧 02：iFlyCode 智能编程助手

讯飞星火提供的 iFlyCode 插件，是一款基于代码大模型开发的智能编码助手，它可以直接安装在用户的终端开发环境中使用，其特点如下。

（1）技术原理：iFlyCode 插件的核心是代码大模型，代码大模型是从讯飞星火的编程相关训练集中单独训练而成的，专门针对编程任务进行优化。这意味着 iFlyCode 拥有庞大的数据集和强大的算法支持，可以提供高质量的编码建议和解决方案。

（2）功能描述：iFlyCode 插件安装是在用户的终端开发环境中使用的，用户仅需在插件的内容框中输入请求内容，即可与代码大模型进行交互。代码大模型会迅速处理这些请求，并返回相应的回复内容，插件会直接将这些内容展示给用户。插件屏蔽了与代码大模型具体交互的细节，使用户可以更专注于编写代码或其他研发工作。

（3）使用优势：iFlyCode插件为用户提供了一个更便捷和高效的编码工具。通过这个插件，用户可以快速获取编程相关的建议、提示或解决方案，从而加速开发流程，降低出错率，提升代码质量。同时，用户无须深入了解与代码大模型的具体交互过程，仅需专注于自己的工作任务即可。

本章小结

本章深入剖析了讯飞星火在编程领域的强大应用，为读者揭示了编程的多维度价值和实践路径。我们为读者提供了编程的基础知识，确保即便是初学者也能够迅速入门，理解编程的基本概念和流程。同时，我们也讨论了讯飞星火的编程能力，展现了其在代码生成、问题解决、代码优化等方面的强大功能，这些内容不仅增强了读者的编程技能，也为解决实际编程问题提供了有力的工具。通过计算器编程这一实例，读者得以将理论知识与实践相结合，亲身体验从项目规划到最终实现的完整过程。通过本章的学习，读者将构建起对编程的全面认识，从基础知识的积累到实际技能的运用，逐步提升自己的编程素养。

第7章

创意绘画：讯飞星火在绘画领域的实践与创新

本章导读

在本章中，我们将探索讯飞星火在绘画领域的应用。作为一款强大的人工智能工具，讯飞星火不仅在文字和数据处理方面表现出色，更在艺术创作领域展现出了全面的支持能力。我们将详细介绍讯飞星火在绘画技法、主题、风格及CG插画方面的应用，帮助读者了解如何利用讯飞星火进行艺术创作。同时，我们将为读者提供详细的指导和实例演示，让读者能够从实践中掌握技巧，丰富自己的创作经验。通过学习本章内容，读者将掌握利用讯飞星火进行绘画创作的基本技巧和方法，为艺术创作之路注入新的活力，带来更多的可能性。

7.1 讯飞星火对绘画材料和技法的表达

在绘画创作的过程中，工具和材料的选择至关重要，而艺术家们利用这些材料进行创作的手法和技能则构成了绘画技法。本节将介绍绘画的材料与技法的基本知识点并提供指令参考，通过实例展示讯飞星火呈现和捕捉不同绘画材质技法的特点。

7.1.1　绘画材料和技法关键词参考

在使用讯飞星火进行绘画时，准确运用绘画材料和技法的术语和描述至关重要。通过运用正确的指令，我们能更好地实现图像的效果。我们总结了与绘画材料和技法相关的关键词，这些关键词涵盖了各种传统绘画材料和技法，如油画、水彩画、铅笔素描等。通过准确使用这些关键词指令，讯飞星火能够模拟出不同绘画材料和技法的效果，为生成的图像赋予更加真实和艺术化的质感。绘画材料和技法关键词参考如表7-1所示。

表7-1　绘画材料和技法关键词参考

序号	主题	类别	关键词
1	绘画工具	铅笔	细腻、渐变、精确、可控性强、易擦拭
2		炭笔	柔和、深沉、自然、模糊、持久
3		钢笔	流畅、细致、均匀、丰润、不易晕染
4		油画	饱和、融合、质地厚重、色彩持久、不褪色
5		蜡笔	明亮、不透明、手感温暖、可堆叠、适合儿童使用
6		彩色铅笔	饱和、易混合、色彩稳定、软硬适中、灵活
7		粉笔	柔和、易晕染、粉末状、易涂抹、透明
8		毛笔	灵动、敏感、自然流畅、多样笔触、传统
9		水笔	方便、水性、可调节、不易漏水、精确控制水量
10	绘画技法	素描技法	简洁、生动、精准、速写、线条流畅
11		水彩画技法	透明、清淡、渐变、柔和、流动感
12		油画技法	饱满、厚重、易调和、色彩鲜艳、质感丰富
13		渐变技法	渐变、平滑、深浅变化、渐变色、色彩层次感
14		擦拭技法	柔和、平滑、混合、色彩过渡自然、细腻
15		脱色技法	纹理独特、渐变色彩、淡化、带有质感、融合
16		喷洒技法	散乱、独特、雾化、均匀、随机
17		刮擦技法	质感丰富、带有线条、剔透、混合色彩、有层次感
18		胶粘技法	多样、粘贴、纹理丰富、创意、组合

序号	主题	类别	关键词
19	绘画技法	喷漆技法	均匀、雾化、精细、定位准确、渐变色彩
20		按印技法	整齐、重复、色彩丰富、清晰、纹理独特
21		蒙版技法	遮盖、保护、精确、多样、创造性
22		线描技法	精细、流畅、线条清晰、动感、轮廓突出

7.1.2　使用讯飞星火生成油画

在本小节中，我们结合前文的绘画材料和技法指令参考，使用讯飞星火生成油画，表达油画的厚重质感、颜色混合和光影效果。

（1）输入指令"色彩鲜艳、厚重的自然风景油画"，生成图像如图 7-1 所示。

（2）输入指令"儿童肖像油画，柔和、厚重，刮擦技法"，生成图像如图 7-2 所示。

图 7-1　风景油画　　　　　　　图 7-2　儿童肖像油画

（3）输入指令"美食油画，质感丰富，色彩柔和"，生成图像如图 7-3 所示。

（4）输入指令"一只活泼可爱的雪貂，油画"，生成图像如图 7-4 所示。

图 7-3　美食油画　　　　　　　　　　　图 7-4　雪貂油画

7.1.3　使用讯飞星火生成水彩画

在本小节中，我们结合前文的绘画材料和技法指令参考，使用讯飞星火生成水彩画，表达水彩画独特的透明、清淡、柔和、流动感的效果。

（1）输入指令"柔和的自然风景水彩画"，生成图像如图 7-5 所示。

（2）输入指令"儿童肖像水彩画，喷洒技法"，生成图像如图 7-6 所示。

图 7-5　自然风景水彩画　　　　　　　　图 7-6　儿童肖像水彩画

（3）输入指令"鲜艳的美食水彩画"，生成图像如图 7-7 所示。

（4）输入指令"一只活泼可爱的雪貂，水彩画"，生成图像如图 7-8 所示。

图 7-7　美食水彩画　　　　　　　　　图 7-8　雪貂水彩画

7.1.4　使用讯飞星火生成素描画

在本小节中，我们结合前文的绘画材料和技法指令参考，使用讯飞星火生成素描画，致力于呈现简洁、生动和线条流畅的素描作品。

（1）输入指令"风景素描画"，生成图像如图 7-9 所示。

（2）输入指令"肖像素描画，一个活泼的男孩"，生成图像如图 7-10 所示。

图 7-9　风景素描画　　　　　　　　　图 7-10　肖像素描画

（3）输入指令"黑白素描画，美食"，生成图像如图 7-11 所示。

（4）输入指令"一只活泼可爱的雪貂，黑白素描画"，生成图像如图 7-12 所示。

图 7-11　美食素描画　　　　　　　　图 7-12　雪貂素描画

讯飞星火对绘画主题的表达

绘画主题构成了艺术作品的灵魂，决定了作品传递的情感深度和内涵。在本节中，我们将深入探讨绘画主题，并结合具体的操作实例，利用主题指令详细展示讯飞星火在风景、人物、静物、抽象画等不同绘画题材上的诠释和呈现。

7.2.1　绘画主题关键词参考

绘画主题涵盖多个领域，如风景、人物、静物、动物等。当我们在指令中明确表达主题时，能够获得更为精确的图像输出。我们为读者整理了一份详尽的绘画主题关键词清单，供读者在图像生成过程中参考，如表 7-2 所示。

表 7-2　绘画主题关键词参考

序号	主题	类别	关键词
1	风景	自然风光	美丽、壮观、宁静
2		城市景观	繁华、现代、多彩
3		海滩景色	清澈、沁凉、悠闲
4		田野和农村	平和、悠闲、宁静

续表

序号	主题	类别	关键词
5	风景	森林和树林	茂密、幽静、绿色
6		山脉和岳峰	峻峭、雄伟、云雾缭绕
7		湖泊和水域	清澈、宁静、蓝色
8		日出和日落	绚丽、惹人瞩目、平静
9		河流和溪水	流畅、曲折、晶莹
10		城市天际线	灯火辉煌、繁忙、现代
11		荒野和荒漠	干燥、荒凉、壮美
12		洞穴和地下景观	神秘、幽暗、奇特
13		冰川和雪山	冰冷、高耸、雪白
14		花园和公园	美丽、芳香、绿意盎然
15	人物	肖像画	逼真、传神、专注
16		人物特写	精细、表情丰富、扣人心弦
17		艺术家自画像	自我表达、内省、自信
18		儿童与少年	活泼可爱、纯真、美好
19		成年人	成熟稳重、自信、优雅
20		老年人	智慧、和蔼、安详
21		历史人物	伟大、勇敢、传奇
22		纪念性人物	闪耀、受人崇拜、杰出
23		民族风情	多样、独特、传统
24		人物写生	生动、自然、灵活
25		街头人物	多样、生动、活泼
26		女性形象	优雅、美丽、柔美
27		男性形象	雄伟、刚毅、帅气
28	静物	花卉	鲜艳、绚丽、柔美、芬芳、嫩绿
29		水果	多汁、甜美、多样、饱满、成熟

序号	主题	类别	关键词
30	静物	食物	诱人、精致、丰盛、色香味俱佳、健康
31		餐具	光滑、精美、古朴、瓷质、银质
32		乐器	古典、华丽、优雅、音色悠扬、古老
33		瓶罐瓷缸	古朴、典雅、陶土制、透明、装饰性
34		书籍	沉重、博学、古老、文学、音乐
35		烛台	古典、金属质感、高贵、雕刻、闪耀
36		瓜果蔬菜	新鲜、多样、丰盛、有机、营养丰富
37		手工艺品	精巧、传统、手工制作、艺术性、原始
38		酒杯酒瓶	透明、优雅、玻璃质感、充满魅力
39		织物	柔软、色彩丰富、纹理丰富、丝绸、棉质
40		钟表	精准、古董、精美、典雅、指针转动
41		骨骼	古老、奇特、神秘、生动、生命的象征
42		碗碟盘子	美观、实用、瓷质、陶土制、精美
43	动物	狗	忠诚、可爱、活泼
44		猫	独立、温柔、美丽
45		兔子	柔软、可爱、温和
46		雪貂	调皮、活泼、敏捷
47		狮子	威武、强大、勇猛
48		老虎	凶猛、美丽、稀有
49		大熊猫	可爱、温和、稀有
50		大象	巨大、聪明、长鼻
51		鲸鱼	巨大、温顺、水下
52		猴子	聪明、灵活、调皮
53		鹰	高飞、锐利、雄伟

续表

序号	主题	类别	关键词
54	动物	海豚	活泼、友好、聪明
55		蝴蝶	绚丽、翩翩起舞、轻盈
56		企鹅	可爱、笨拙、有趣
57		蛇	狡猾、无脚、冷血
58		蜘蛛	灵巧、多脚、恐怖
59		海星	星形、柔软、美丽
60		马	雄伟、快速、骏马
61	花卉	玫瑰	香甜、娇艳、柔美
62		向日葵	高大、明亮、温暖
63		郁金香	华丽、纯净、高贵
64		蓝色风铃草	清新、蓝色、可爱
65		百合	高贵、纯洁、芬芳
66		樱花	美丽、浪漫、短暂
67		牡丹	华贵、美艳、繁盛
68		花环	唯美、绿意盎然、庄重
69		花束	芬芳、绚丽、美丽
70	其他	历史题材	古老、史诗般、历史事件
71		宗教题材	神圣、虔诚、宗教仪式、宗教信仰
72		幻想题材	魔幻、奇幻、独特的世界、神奇的生物
73		科幻题材	先进、科学幻想、数字化、人工智能
74		战争题材	战争场面、英勇、反战、军事战略
75		童话题材	童真、童话世界、魔法、公主与王子、古老传说
76		现代生活	都市化、科技便利、现代社会、繁忙、生活压力

7.2.2　使用讯飞星火生成风景画

在本小节中，我们结合前文的绘画主题关键词参考，使用讯飞星火生成风景画。

（1）输入指令"风景画，<u>清澈的海滩和悠闲的海鸟</u>"，生成图像如图 7-13 所示。

（1）输入指令"风景画，<u>繁华的城市和霓虹灯</u>"，生成图像如图 7-14 所示。

图 7-13　海滩风景画　　　　　　　　图 7-14　城市风景画

7.2.3　使用讯飞星火生成人物画

在本小节中，我们结合前文的绘画主题关键词参考，使用讯飞星火生成人物画。

（1）输入指令"人物画，<u>亚洲男性特写</u>"，生成图像如图 7-15 所示。

（2）输入指令"人物画，<u>亚洲女性特写</u>"，生成图像如图 7-16 所示。

图 7-15　亚洲男性人物画　　　　　　图 7-16　亚洲女性人物画

7.2.4　使用讯飞星火生成静物画

在本小节中，我们结合前文的绘画主题关键词参考，使用讯飞星火生成静物画。

（1）输入指令"静物画，古典精致的小提琴"，生成图像如图7-17所示。

（2）输入指令"静物画，金属质感的烛台，丝绸织物"，生成图像如图7-18所示。

图 7-17　小提琴静物画　　　　　　　图 7-18　组合静物画

（3）输入指令"静物画，古老厚重的书籍"，生成图像如图7-19所示。

图 7-19　书籍静物画

7.2.5 使用讯飞星火生成抽象画

在本小节中，我们结合前文的绘画主题关键词参考，使用讯飞星火生成抽象画。

（1）输入指令"色彩鲜艳明丽的抽象画"，生成图像如图7-20所示。

（2）输入指令"色彩沉郁晦暗的抽象画"，生成图像如图7-21所示。

图 7-20　鲜艳明丽的抽象画　　　　图 7-21　沉郁晦暗的抽象画

7.3 讯飞星火对绘画风格的表达

艺术作品的绘画风格体现了其独有的视觉特征和创作手法，这些风格为作品注入了独特的视觉感受和深层次的情感内涵。在本节中，我们将深入探讨各种绘画风格，并通过具体的案例分析，合理运用风格描述词，详细展示讯飞星火如何精准呈现印象派、现实主义、超现实主义等不同的艺术风格。

7.3.1 绘画风格关键词参考

绘画风格和流派涵盖广泛，且风格间存在许多共通之处。在本小节中，我们为读者归纳了与绘画风格相关的关键词，供读者在创作过程中参考，如表7-3所示。

表7-3　绘画风格关键词参考

序号	主题	类别	关键词
1	绘画风格	现实主义	真实、精细、现代
2		超现实主义	超真实、奇异、细致入微
3		现代主义	前卫、创新、实验性
4		后现代主义	反传统、多元、自我反思
5		未来主义	未来、动感、机械化
6		经典主义	古典、庄重、典雅
7		表现主义	强烈、扭曲、情感化
8		抽象表现主义	抽象、情感释放、自由
9		立体主义	立体、几何、多面
10		极简主义	简约、纯粹、实用
11		波普艺术	大众文化、大胆、色彩艳丽
12		新古典主义	古典、对称、庄重
13		幻想主义	奇幻、超现实、梦幻
14		浪漫主义	热情、唯美、富有情感
15		新印象主义	分色、光影交错、点彩
16	绘画流派	文艺复兴	精湛、人文主义、复兴
17		巴洛克	华丽、戏剧性、情感丰富
18		印象派	轻快、光影变幻、自由
19		点彩派	点缀、色彩丰富、视觉效果强
20		现代派	前卫、新颖、大胆
21	代表人物	现实主义	让·弗朗索瓦·米勒、爱德华·马奈
22		超现实主义	查克·克洛斯、萨尔瓦多·达利
23		表现主义	爱德华·蒙克、厄尼斯特·基里科
24		抽象表现主义	杰克逊·波洛克、马克·罗斯科
25		立体主义	巴勃罗·毕加索、乔治·布拉克

续表

序号	主题	类别	关键词
26	代表人物	极简主义	唐纳德·贾德、弗兰克·斯特拉
27		新古典主义	雅克·路易·大卫
28		新印象主义	保罗·塞尚
29		浪漫主义	卡斯帕·大卫·弗里德里希、威廉·特纳
30		印象派	克劳德·莫奈、皮埃尔·奥古斯特·雷诺阿
31		点彩派	乔治·修拉

7.3.2 使用讯飞星火生成印象派绘画

在本小节中，我们结合前文的绘画风格关键词参考，使用讯飞星火生成印象派绘画。

（1）输入指令"请生成一幅印象派风格的绘画作品"，生成图像如图 7-22 所示。

（2）输入指令"请生成一幅新印象主义风格的绘画作品"，生成图像如图 7-23 所示。

图 7-22　印象派绘画

图 7-23　新印象主义绘画

7.3.3 使用讯飞星火生成现实主义绘画

在本小节中，我们结合前文的绘画风格关键词参考，使用讯飞星火生成现实主义绘画图像。

（1）输入指令"现实主义绘画"，生成图像如图7-24所示。

（2）输入指令"现实主义绘画，爱德华·马奈"，生成图像如图7-25所示。

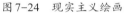

图 7-24　现实主义绘画　　　　　　　图 7-25　爱德华·马奈风格绘画

7.3.4　使用讯飞星火生成超现实主义绘画

在本小节中，我们结合前文的绘画风格关键词参考，使用讯飞星火生成超现实主义绘画。

（1）输入指令"超现实主义绘画"，生成图像如图7-26所示。

（2）输入指令"超现实主义绘画，萨尔瓦多·达利"，生成图像如图7-27所示。

图 7-26　超现实主义绘画　　　　　　　图 7-27　萨尔瓦多·达利风格绘画

7.4 讯飞星火对 CG 插画的表达

CG插画, 即计算机图形学插画, 是利用计算机图形学技术进行创作的插画作品。与传统手绘插画相比, CG插画具有更多的数字化特点, 其创作过程涉及使用计算机软件和工具进行绘画、渲染和后期处理等步骤。在本节中, 我们将重点探讨CG插画, 通过实战示例, 合理运用CG插画关键词, 详细展示讯飞星火在角色设计、科幻场景和幻想场景等多个插画领域的表达。

7.4.1 CG 插画关键词参考

CG插画内容十分丰富, 在本小节中, 我们总结了与CG插画相关的关键词, 供读者参考使用, 如表7-4所示。

表7-4 CG插画关键词参考

序号	主题	类别	关键词
1	幻想世界	魔法森林	神秘、神奇、幽深
2		神秘城堡	壮丽、古老、奇幻
3		童话生物	可爱、奇异、神秘
4		龙和巫师	威严、强大、魔幻
5		神话传说	传奇、神秘、史诗般
6	科幻场景	太空探险	壮观、未知、挑战性
7		未来城市	先进、现代化、灯火辉煌
8		机器人和机械	智能、精密、高效
9		外星生物	奇异、神秘、异星
10		虚拟现实	超现实、虚幻、令人惊叹
11	动漫和漫画	可爱少女	萌、活泼、童真
12		炫酷战斗	壮观、激烈、英勇
13		萌宠	小巧玲珑、可爱憨厚、忠心耿耿
14		超能力少年	强大、神秘、超凡
15		日系风格	独特、传统、新颖

续表

序号	主题	类别	关键词
16	游戏角色和场景	角色设计	精心设计、独特、生动
17		奇幻游戏世界	神秘、奇幻、挑战性
18		战斗场景	激烈、惊险、火爆
19		角色定位	动态十足、刚毅、魅力四射
20	动物和生物	神奇生物	奇异、美妙、神秘
21		妖怪和精灵	神秘、魔幻、古怪
22		沉睡动物	安详、可爱、安宁
23		可爱宠物	亲切、忠诚、活泼
24	人物插画	时尚女性	优雅、时尚、自信
25		帅气男性	英俊、坚定、魅力四射
26		儿童角色	可爱、快乐、纯真
27		名人肖像	栩栩如生、卓越、光彩照人
28		历史人物	古老、卓越、伟大
29	风景和自然	春夏秋冬	多样、惬意、悠闲
30		山水画	恬静、绚丽多彩、幽雅
31		沙滩日落	美丽、浪漫、愉悦
32		森林探险	神秘、茂密、幽深
33		自然奇观	壮观、奇异、令人惊叹
34	数字艺术	数码绘画	精湛、独特、富有创意
35		像素艺术	像素化、色彩丰富、复古
36		数字雕塑	精细、逼真、立体
37		虚拟现实艺术	沉浸式、未来感、交互性
38	恐怖和奇幻	妖怪恐惧	恐怖、惊悚、恐怖
39		黑暗魔法	邪恶、禁忌、不可思议
40		鬼怪传说	传奇、阴森、谜团般

续表

序号	主题	类别	关键词
41	恐怖和奇幻	恐怖场景	不安、诡异、离奇
42		黑暗王国	黑暗、阴森、悲凉
43	未来科技	智能机器	先进、强大、人工智能
44		未来交通	高速、环保、先进
45		虚拟现实设备	沉浸式、创新、逼真
46		人工智能	智能、自主、革命性
47		生物工程	生命科学、未来医疗、生物进化

7.4.2 使用讯飞星火生成角色设计插画

在本小节中,我们结合前文的CG插画关键词参考,使用讯飞星火生成角色设计插画。

(1)输入指令"角色设计,男性,机械战斗装束",生成图像如图7-28所示。

(2)输入指令"角色设计,女性,精灵,魔法奇幻",生成图像如图7-29所示。

图7-28 机械战斗角色

图7-29 魔幻精灵角色

7.4.3　使用讯飞星火生成科幻场景插画

在本小节中，我们结合前文的 CG 插画关键词参考，使用讯飞星火生成科幻场景插画。

（1）输入指令"科幻场景，壮观的太空探险"，生成图像如图 7-30 所示。

（2）输入指令"科幻场景，未来城市"，生成图像如图 7-31 所示。

图 7-30　太空场景　　　　　　　　　　图 7-31　未来城市场景

（3）输入指令"科幻场景，高度复杂的机器人"，生成图像如图 7-32 所示。

图 7-32　机器人场景

7.4.4　使用讯飞星火生成幻想场景插画

在本小节中，我们结合前文的CG插画关键词参考，使用讯飞星火生成幻想场景插画。

（1）输入指令"幻想世界，幽深的魔法森林"，生成图像如图7-33所示。

（2）输入指令"幻想世界，古老宏伟的魔法城堡"，生成图像如图7-34所示。

图7-33　魔法森林　　　　　　　　　　　图7-34　魔法城堡

（3）输入指令"幻想世界，可爱奇异的童话生物"，生成图像如图7-35所示。

图7-35　童话生物

专家点拨

技巧 01：有声读物绘本创作

讯飞星火推出了有声绘本创作助手，不同于单幅图片的生成模式，用户通过与模型的多轮对话，输入故事情节，模型会自动扩写故事线，并根据故事进行绘画，帮助用户创作有声读物绘本列表。该功能的核心挑战在于，讯飞星火需要保证所讲故事的连续性，同时确保图像内容中主角的一致性，这充分展示了讯飞星火在多模态及多轮对话能力上的优势。接下来，让我们来体验一下该功能。

第1步 ► 选择"有声绘本创作助手"选项，如图7-36所示。

图7-36　选择"有声绘本创作助手"选项

第2步 ► 选择一个角色形象作为绘本的主角，如图7-37所示。

图7-37　选择角色形象

第3步 ▶ 单击"开始共创"按钮，如图 7-38 所示。

图 7-38　单击"开始共创"按钮

第4步 ▶ 输入故事情节 1，单击"发送"按钮，如图 7-39 所示。

图 7-39　输入故事情节 1

第5步 ▶ 讯飞星火给出的文案回复如下，图片回复如图 7-40 所示。

> 　在一个阳光明媚的早晨，小白兔打开了它的家——一个藏在绿叶下的温暖小洞。它决定开始一次冒险，去寻找传说中的彩虹花园。小白兔踏上了旅程，它的心中充满了期待和好奇。

第6步 ▶ 输入故事情节 2，单击"发送"按钮，如图 7-41 所示。

图 7-40　图片回复 1

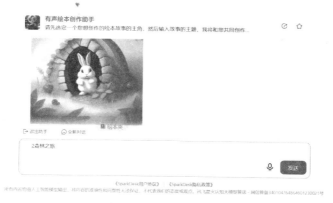

图 7-41　输入故事情节 2

第7步 讯飞星火给出的文案回复如下，图片回复如图 7-42 所示。

在一个阳光明媚的早晨，小白兔打开了它的家——一个藏在绿叶下的温暖小洞。它决定开始一次冒险，去寻找传说中的彩虹花园。小白兔踏上了旅程，它的心中充满了期待和好奇。

在森林里，小白兔看到了一只蝴蝶和一只小鸟，它们成为小白兔的好朋友。它们一起玩耍和探索未知的世界，度过了快乐的时光。然而，小白兔的冒险之旅才刚刚开始。

图 7-42　图片回复 2

第8步 输入故事情节 3，单击"发送"按钮，如图 7-43 所示。

图 7-43　输入故事情节 3

第9步▶ 讯飞星火给出的文案回复如下，图片回复如图 7-44 所示。

在一个阳光明媚的早晨，小白兔打开了它的家——一个藏在绿叶下的温暖小洞。它决定开始一次冒险，去寻找传说中的彩虹花园。小白兔踏上了旅程，它的心中充满了期待和好奇。

在森林里，小白兔看到了一只蝴蝶和一只小鸟，它们成为小白兔的好朋友。它们一起玩耍和探索未知的世界，度过了快乐的时光。然而，小白兔的冒险之旅才刚刚开始。

在旅途中，小白兔遇到了许多挑战，如险峻的山峰、湍急的河流等。但是，它并不害怕，因为有它的好朋友们陪伴着。它们互相鼓励、帮助，共同克服了一个又一个困难。在这些挑战中，它们的友谊变得更加深厚，也更加珍贵。

图 7-44　图片回复 3

第10步▶ 选择"创建绘本"选项，如图 7-45 所示。

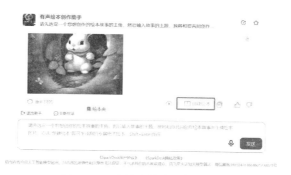

图 7-45　选择"创建绘本"选项

第11步●　选中3段情节，单击"生成绘本"按钮，如图7-46所示。

图 7-46　单击"生成绘本"按钮

第12步●　经过以上操作，生成的绘本如图7-47所示，在界面顶端可以修改绘本的名字，分享和收藏绘本。

图 7-47　生成的绘本

技巧 02：思维导图创作

在日常学习和工作中，思维导图是极为有用的工具，它能帮助我们整理信息和梳理思路。讯飞星火中的"思维导图生成助手"，可以根据用户输入的主题，创建条理清晰的思维导图信息框架。这一工具极大地提高了信息处理效率，可以使用户将更多的精力投入内容创作和组织上。通过讯飞星火的"思维导图生成助手"，我们可以轻松地将复杂信息结构化，快速地完成思维导图的制作。接下来，就让我们一起来体验它的便捷性。具体操作步骤如下。

第1步 ▶ 在星火助手中心的搜索框中输入"思维导图"，并单击添加"思维导图生成助手"选项，如图 7-48 所示。

图 7-48　添加"思维导图生成助手"选项

第2步 ▶ 在对话框中输入指令"请帮我生成一份关于个人健康习惯养成的思维导图"。

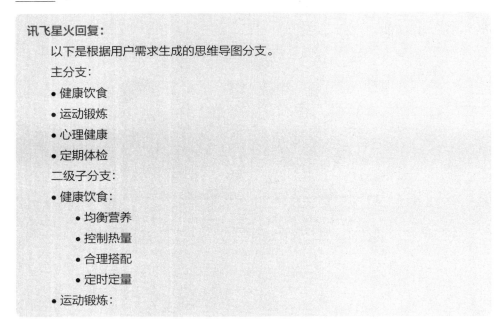

讯飞星火回复：

以下是根据用户需求生成的思维导图分支。

主分支：

- 健康饮食
- 运动锻炼
- 心理健康
- 定期体检

二级子分支：

- 健康饮食：
  - 均衡营养
  - 控制热量
  - 合理搭配
  - 定时定量
- 运动锻炼：

- 选择适合的运动
- 设定运动计划
- 保持运动习惯
- 避免运动伤害
- 心理健康：
  - 积极心态
  - 压力管理
  - 良好睡眠
  - 情绪调节
- 定期体检：
  - 常规体检项目
  - 关注身体健康指标
  - 预防疾病
  - 及时治疗

系统给出了一份思维导图信息框架，有助于用户更清晰地梳理和规划个人健康习惯的养成，极大地提升了从概念到执行的转化效率。随后，用户可以使用 Xmind 等思维导图绘制工具，将上述信息框架绘制成思维导图。对于需要快速整理思路、制作思维导图的用户来说，这无疑是一个强有力的辅助工具。

本章小结

本章主要介绍了讯飞星火在绘画领域的应用。我们介绍了讯飞星火在生成油画、水彩画和素描画等不同绘画技法方面的应用，使读者能够掌握利用讯飞星火进行艺术创作的基本技巧。同时，我们讨论了如何通过讯飞星火呈现风景画、人物画、静物画和抽象画等多种绘画主题，展示了讯飞星火在艺术表达上的巨大潜力。此外，我们还探讨了讯飞星火在呈现印象派、现实主义和超现实主义等绘画风格方面的能力，让读者了解到如何通过讯飞星火捕捉和再现这些经典艺术风格的独特魅力。我们还介绍了讯飞星火在CG插画领域的应用，包括角色设计、科幻场景和幻想场景插画的创作，进一步拓宽了读者的艺术创作视野。通过本章的学习，读者不仅能够提升自身的绘画技能，还能够在创作过程中融入AI技术，从而丰富个人的创作手法和增强艺术表现力。本章内容旨在为读者在绘画艺术的探索和实践中提供宝贵的指导和灵感，助力读者在艺术创作的道路上不断前行。

第8章

设计利器：讯飞星火在设计领域的运用与提升

本章导读

　　本章将带领读者深入探索讯飞星火在设计领域的广泛应用。作为一款强大的人工智能工具，讯飞星火不仅在文字处理和数据分析方面表现卓越，更在设计创作方面展现出了强大的潜力。我们将详细介绍讯飞星火在平面设计、产品设计、室内设计、建筑设计及工业设计等领域的具体应用场景。每个设计领域都将附上相应的指令参考和操作步骤，并通过实例演示帮助读者快速掌握如何利用讯飞星火进行创意设计。通过学习本章内容，读者将能够全面了解讯飞星火在设计领域的多样化应用，从而在设计工作中获得技术支持和灵感启发。

8.1 讯飞星火与平面设计

　　平面设计是一个充满创造力和艺术性的专业领域，而讯飞星火的先进图像生成功能为设计师们提供了源源不断的创意灵感。在本节中，我们将深入体验讯飞星火在平面设计行业的实际应用，借助精选平面设计关键词，通过具体案例演示如何运用讯飞星火创作Logo、海报和包装设计等元素。这将使读者在设计创作过程中更加得心应手，充分释放创意，并显著提升设计作品的品质与视觉冲击力。

8.1.1 平面设计关键词参考

在本小节中，我们总结了与平面设计相关的关键词，以方便读者在使用讯飞星火指令时参考，如表 8-1 所示。

表 8-1　平面设计关键词参考

序号	主题	类别	关键词
1	设计主题	线条与形状	曲线、渐变、简洁、锐利、流畅、几何、手绘、抽象、雕刻、线性
2		色彩与色调	鲜艳、柔和、对比强烈、单色、高饱和、柔和、艳丽、中性、温暖、冷色调
3		字体与排版	简约、非常规、手写、几何、艺术性、立体、经典、现代、装饰性、笔触
4		图像与插图	独特、可爱、幻想、民间艺术风格、抽象、传统、现实主义、梦幻、具象、异国情调
5		纹理与图案	自然、几何、民族风情、随机、细腻、粗糙、立体、数字化、手工艺、繁复
6	设计元素	神秘主义与超现实	神秘、魔幻、超自然、梦幻般、神秘莫测、玄学、幻觉、不可思议、超现实、神秘
7		复古与怀旧	复古、怀旧、古老、复古怀旧、经典、古风、怀旧、古代
8		抽象与实验	抽象、实验性、创新、抽象表现主义、实验艺术、抽象化、实验化、具象抽象、实验独特、新颖
9		太空与科幻	太空、科幻、星际、未来、外太空、幻想科幻、宇宙、未来科技、虚幻、外星
10		自然与植物	自然、植物、生态、生命、绿色、自然界、植物学、草木蔓藤、花草
11		文化与历史	文化、历史、传统、多元文化、文化遗产、历史悠久、古老文化、历史纪念、文化传承、历史故事
12		科技与数字化	科技、数字、数字化、网络、虚拟、人工智能、未来科技、数码
13		简约与极简主义	简洁、清晰、纯粹、线条简单、极简、空白留白、无多余装饰、精简、简明、简约美

续表

序号	主题	类别	关键词
14	设计风格	朋克与反主流文化	叛逆、激进、不羁、反传统、自由精神、叛乱、独立个性、反叛态度、无拘无束、不合规范
15		手绘与手工艺	手工创作、手绘风、手工元、手工质感、手作艺术、手绘插画、手工制作、手工设计、手工笔触、手绘感
16		光影与渐变效果	光影交错、渐变颜色、立体感、光影效果、高光与阴影、色彩渐变、渐变过渡、立体效果、光影变幻、色调过渡
17		平面与立体结合	平面设计、立体感、透视效果、立体造型、3D效果、平面结合、视觉错觉、立体元、立体构图、立体设计
18		未来主义与科技感	未来感、科技科幻、数字化、技术先进、未来科技、虚拟现实、数字设计、先进科技、未来科学、技术感
19		古典与传统	古典风格、传统元素、古风设计、经典艺术、古代文化、传统文化、古典装饰、传统美学、古代艺术、古老传统

8.1.2 使用讯飞星火制作 Logo

在本小节中，我们将利用讯飞星火来制作多个不同的Logo，以下是具体的指令及根据指令生成的图像。

（1）输入指令"咖啡厅Logo，简洁优雅"，生成图像如图8-1所示。

（2）输入指令"咖啡厅Logo，复古华丽"，生成图像如图8-2所示。

图8-1　咖啡厅简洁优雅Logo

图8-2　咖啡厅复古华丽Logo

（3）输入指令"咖啡厅Logo，铁材质的多层雕刻徽章，抽象"，生成图像如图8-3所示。

（4）输入指令"咖啡厅Logo，多层剪纸，单色"，生成图像如图8-4所示。

图8-3 咖啡厅徽章Logo

图8-4 咖啡厅剪纸Logo

8.1.3 使用讯飞星火制作海报

在本小节中，我们将利用讯飞星火制作多张不同的海报，以下是具体的指令及根据指令生成的图像。

（1）输入指令"科幻电影宣传海报，宇航员漂浮在太空，背景有深空和星图，主次文字标题"，生成图像如图8-5所示。

（2）输入指令"地球纪录片海报，海洋，动物和植物，主次文字标题"，生成图像如图8-6所示。

图8-5 科幻电影宣传海报

（3）输入指令"文艺片海报，真人和剪影，主次文字标题"，生成图像如图8-7所示。

图8-6　纪录片海报

图8-7　文艺片海报

8.1.4　使用讯飞星火制作包装

在本小节中，我们将利用讯飞星火制作多个不同的包装产品，以下是具体的指令及根据指令生成的图像。

（1）输入指令"*产品设计，茶叶外包装设计，清新淡雅的，莫兰迪色系*"，生成图像如图8-8所示。

（2）输入指令"*产品设计，咖啡包装设计，创意荒诞，色彩对比鲜明*"，生成图像如图8-9所示。

图8-8　茶叶包装

图8-9　咖啡包装

（3）输入指令"<u>蛋糕包装设计，环保纸盒，带透明视口，朴素简约</u>"，生成图像如图8-10所示。

（4）输入指令"<u>鲜花包装盒设计，几何元素，地中海风格</u>"，生成图像如图8-11所示。

图 8-10　蛋糕包装

图 8-11　鲜花包装盒

8.2　讯飞星火与产品设计

产品设计领域融合了艺术美感与创新思维，覆盖了从日用品到高科技设备的广泛范畴。在本节中，我们将深入探索讯飞星火在产品设计界的多样化应用，并提供与产品设计相关的关键词，旨在帮助读者扩展设计指令库。同时，我们还将实操演示如何借助讯飞星火进行产品设计，包括椅子、手机等各类设计项目。通过本节的学习，读者将能够迅速掌握讯飞星火的使用技巧，从而在产品设计的道路上迸发更多的创意与灵感。

8.2.1　产品设计关键词参考

在本小节中，我们总结了与产品设计相关的关键词，以方便读者在使用讯飞星火指令时参考，如表8-2所示。

表8-2　产品设计关键词参考

序号	主题	类别	关键词
1	产品类型	移动应用	社交、便捷、创新、智能、用户友好、多功能、沙发
2		家居产品	茶几、电视柜、书架或展示柜、落地灯或台灯、餐桌、餐椅、餐具、餐巾纸或餐桌布、冰箱、毛巾、空调、电风扇、吸尘器、音响、手机、电视、曲面电视
3		软件界面	直观简洁、交互设计、可定制化、用户体验、流畅性、操作便捷、一致性
4	设计风格	现代主义	简约、功能主义、清晰、几何形状、线条强调、中性色调、简单精致、无冗余、开放空间、先进科技
5		扁平化设计	平面化、鲜明色彩、简单图标、直观、清晰排版、无阴影、简洁风格、直线与弧线
6		自然有机	有机形态、自然元素、柔和色调、流动感、生态友好、仿生设计、有机质感、自然纹理、舒适、自然环境
7		艺术装饰	独特个性、艺术风格、丰富细节、奢华感、文化韵味、精美图案、艺术表现、华丽装饰、复古元素、古典美
8	图形元素	图标与标志	简洁明了、易辨识、符号化、矢量图、可缩放、图形化、直观表达、代表性、品牌标识、图形化文字
9		插图与图案	富有创意、可视化信息、手绘风格、独特形象、可定制化、图形表达、视觉故事、有趣表现、多样性、印象深刻
10		颜色渲染	鲜明醒目、情感表达、色彩丰富、色调搭配、色彩心理学、平衡运用、色彩层次、渐变效果、饱和度色彩对比
11	视觉层次	重点与焦点	突出内容、吸引目光、关键信息、视觉导向、显眼位置、强调效果、视觉重心、视觉层级、主次分明、视觉引导
12		层次与深度	透视感、分层布局、层次感、三维效果、景深感、空间感、立体效果、视觉堆叠、前后对比、层叠效果
13		平衡与均衡	视觉平衡、对称布局、均匀分布、重心平衡、稳定感、视觉稳定、不对称平衡、对比平衡、构图平衡、视觉和谐

8.2.2　使用讯飞星火生成座椅设计图

在本小节中，我们将利用讯飞星火生成多张座椅设计图，以下是具体的指令及根据指令生成的图像。

（1）输入指令"产品设计，椅子，人体工学，简约现代"，生成图像如图8-12所示。

（2）输入指令"产品设计，玻璃椅，未来感，科技感，色彩鲜艳"，生成图像如图8-13所示。

图8-12　简约现代座椅　　　　　　图8-13　未来科技座椅

8.2.3　使用讯飞星火生成儿童玩具设计图

在本小节中，我们将利用讯飞星火生成多张儿童玩具设计图，以下是具体的指令及根据指令生成的图像。

（1）输入指令"儿童毛绒玩具设计，前卫设计，色彩明快"，生成图像如图8-14所示。

（2）输入指令"儿童机器狗设计，可爱外形，智能互动，陪伴成长"，生成图像如图8-15所示。

图8-14　毛绒玩具　　　　　　　　图8-15　机器狗玩具

8.3 讯飞星火与室内设计

　　室内设计将艺术与功能相结合，关注空间的美观性、实用性和舒适度，广泛应用于住宅、商业、办公和公共空间等多种环境。讯飞星火在图像生成技术领域的卓越表现，为室内设计师带来了前所未有的创作多样性和丰富性。在本节中，我们将深入剖析讯飞星火在室内设计领域的广泛应用，并引导读者了解室内设计关键词，以助力他们扩充创意指令库。我们还将实践展示如何利用讯飞星火进行室内设计，涵盖现代、洛可可、日式等多种设计风格，旨在帮助读者快速掌握使用讯飞星火的技巧，从而在室内设计的创作道路上激发更多创新火花与灵感。

8.3.1 室内设计关键词参考

　　在本小节中，我们总结了与室内设计相关的关键词，以方便读者在使用讯飞星火指令时参考，如表8-3所示。

表8-3　室内设计关键词参考

序号	主题	类别	关键词
1	照明效果	自然光	明亮、柔和、朝阳、日落、阴天
2		照明类型	温暖、明亮、柔和、聚光、重点照明、全局照明
3		阳光模拟	自然、逼真、透光、动态、全景
4		光照强度	强弱对比、明暗变化、光影交错、层次感、明暗度
5	环境背景	自然景观	美丽、壮观、舒心、与自然融合、开放视野
6		都市街景	繁华、现代、充满活力、多样文化、城市特色
7		环境融合	融入自然、和谐共生、一体感、相得益彰、相互映衬
8		季节与天气	四季变化、不同气候、季节特征
9	透视与比例	单点透视	远近感、视角、立体感、视线、透视效果
10		两点透视	透视线、远近点、立体感、角度、逼真度
11		三点透视	空间深度、倾斜视角、远近关系、错觉、真实感
12		透视失真	错觉、独特视角、特殊效果、有趣、独具匠心

续表

序号	主题	类别	关键词
13	风格表现	现代主义	简约、现代、前卫、干净、功能性
14		传统古典	典雅、华丽、古典元素、传统风情、奢华
15		工业风	简朴、原始、露天、金属质感、工业化
16		北欧风格	舒适、温暖、明亮、自然元素、自然色彩
17		亚洲风情	深邃、神秘、自然、文化传承、红木家具

8.3.2 使用讯飞星火生成现代风格室内设计效果图

在本小节中，我们将利用讯飞星火生成现代风格室内设计效果图，以下是具体的指令及根据指令生成的图像。

（1）输入指令"室内设计，卧室，简约现代，前卫，干净，灰色系"，生成图像如图8-16所示。

（2）输入指令"室内设计，客厅，简约现代，蓝白色系，光线明亮"，生成图像如图8-17所示。

图 8-16 卧室效果图   图 8-17 客厅效果图

（3）输入指令"室内设计，书房，简约现代，黄色系，日落"，生成图像如图8-18所示。

（4）输入指令"室内设计，盥洗室，简约现代，绿色系，大浴池，干湿分区"，生成图像如图8-19所示。

图8-18　书房效果图　　　　　　　　　　图8-19　盥洗室效果图

8.3.3　使用讯飞星火生成洛可可风格室内效果图

在本小节中，我们将利用讯飞星火生成多张洛可可风格室内效果图，以下是具体的指令及根据指令生成的图像。

（1）输入指令"室内设计，客厅，洛可可风格，大量鲜花"，生成图像如图8-20所示。

（2）输入指令"室内设计，卧室，洛可可风格，紫色系，窗帘半闭"，生成图像如图8-21所示。

图8-20　洛可可风格客厅效果图　　　　　　图8-21　洛可可风格卧室效果图

8.3.4　使用讯飞星火生成中式风格室内效果图

在本小节中，我们将利用讯飞星火生成多张不同的中式风格室内效果图，以下是具体的指令及根据指令生成的图像。

（1）输入指令"室内设计，中式茶室，带内庭花园，阳光明媚"，生成图像如图 8-22 所示。

（2）输入指令"室内设计，中式书房，古色古香，宁静雅致"，生成图像如图 8-23 所示。

　　图 8-22　中式茶室效果图　　　　　　　　图 8-23　中式书房效果图

8.4　讯飞星火与建筑设计

建筑设计是一项将科学、艺术与技术融为一体的创新活动，旨在精心规划、设计并实现多样化的建筑项目，设计师们需要巧妙地将独到的创意、实用的功能性及优雅的美学融为一体。讯飞星火凭借其强大的图像生成功能，为建筑设计师在构思和塑造建筑形态时提供了宝贵的灵感支持。在本节中，我们将深度探讨讯飞星火在建筑设计行业中的应用，并提供建筑设计关键词，助力读者拓展指令库。我们还将通过实例演示如何使用讯飞星火进行建筑设计，帮助读者精进设计策略，从而优化和完善建筑设计蓝图。

8.4.1 建筑设计关键词参考

在本小节中，我们总结了与建筑设计相关的关键词，以方便读者在使用讯飞星火指令时参考，如表8-4所示。

表8-4　建筑设计关键词参考

序号	主题	类别	关键词
1	建筑风格	现代主义	简约、前卫、现代、创新、功能性
2		古典复兴	典雅、华丽、历史传承、雄伟、永恒
3		后现代主义	多样性、抽象、非对称、自由、多元化
4		工业风	原始、金属质感、暴露砖墙、露天梁柱、工业化
5		日本传统	简约雅致、自然元素、和风、传统茶室、禅意
6	建筑材料	建筑材质质感	光泽、质地、纹理、触感、自然感
7		玻璃与金属应用	透明、现代感、反射、轻盈、创新性
8		环保材料选择	可持续、环保认证、回收利用、低碳、节能
9		石材与木材应用	坚固、自然、稳重、质朴、纹理丰富
10		复合材料	轻质、耐用、创新、多功能、适应性
11	建筑尺度	大型建筑设计	超高层、超大跨度、超大体量、城市综合体、大型项目
12		中小型建筑设计	居住建筑、写字楼、商业综合体、社区规划、文化设施
13		高层建筑设计	摩天大楼、塔楼、高层住宅、高楼层建筑、立体城市
14		低层建筑设计	矮楼房、小高层、平层建筑、平房建筑、低层住宅
15	建筑景观	建筑外围景观设计	广场、门厅、入口、庭院、院落
16		花园与庭院设计	花坛、花草树木、草坪、景观水池、花园小品

8.4.2 使用讯飞星火生成现代主义建筑效果图

在本小节中，我们将利用讯飞星火生成现代主义建筑效果图，以下是具体的指令及根据指令生成的图像。

（1）输入指令"建筑设计，别墅，现代主义，简约，外立面光泽，典雅稳重"，生成图像如图8-24所示。

（2）输入指令"<u>建筑设计，酒店，超高层建筑，现代主义，螺旋结构</u>"，生成图像如图 8-25 所示。

图 8-24 别墅建筑效果图

图 8-25 酒店建筑效果图

8.4.3 使用讯飞星火生成中式古典建筑效果图

在本小节中，我们将利用讯飞星火生成中式古典建筑效果图，以下是具体的指令及根据指令生成的图像。

（1）输入指令"<u>建筑设计，中式古典别墅，小巧，精致典雅</u>"，生成图像如图 8-26 所示。

（2）输入指令"<u>建筑设计，中式古典观景塔，宏伟庄严</u>"，生成图像如图 8-27 所示。

图 8-26 中式古典别墅效果图

图 8-27 中式古典观景塔效果图

8.4.4 使用讯飞星火生成欧式古典建筑效果图

在本小节中，我们将利用讯飞星火生成欧式古典建筑效果图，以下是具体的指令及根据指令生成的图像。

（1）输入指令"建筑设计，欧式古典别墅，华丽奢侈"，生成图像如图8-28所示。

（2）输入指令"建筑设计，欧式古典教堂，宏伟庄严，大量雕塑"，生成图像如图8-29所示。

图8-28　欧式古典别墅效果图　　　　图8-29　欧式古典教堂效果图

8.5 讯飞星火与工业设计

工业设计专注于产品的外观设计、功能性和用户体验，它将创新思维与技术相结合，旨在打造出既实用又美观的工业产品，如家用电器、数码设备、交通工具等。在本节中，我们将探讨讯飞星火在工业设计领域的应用，同时提供工业设计关键词清单，以帮助读者扩展指令库。此外，我们还将演示利用讯飞星火生成工业设计图像的实战内容，帮助读者更好地掌握使用讯飞星火的技巧，并有效地将创意转化为具体的产品设计概念和原型。这一过程不仅能提高读者的个人设计效率，还能提升最终产品的质量与市场竞争力。

8.5.1　工业设计关键词参考

在本小节中，我们总结了与工业设计相关的关键词，以方便读者在使用讯飞星火指令时参考，如表8-5所示。

表8-5　工业设计关键词参考

序号	主题	类别	关键词
1	物品	日常用品	餐具组合、水杯、手提袋、文具盒、钱包
2		电子设备	智能手机、平板电脑、笔记本电脑、智能手表、无线耳机
3		家具	沙发、餐桌椅、儿童家具、储物家具、灯具
4		交通工具	自行车、汽车外观、电动滑板车、摩托车、高铁内部布局
5		玩具	儿童拼图、益智玩具、儿童乐高、遥控车、模型飞机
6	其他	透明度	透明产品设计、半透明效果、遮挡与显露、光线散射、透明材质选择
7		纹理	粗糙度、织物纹理、仿真纹理、皮革纹理、金属纹理
8		材质	铝合金、不锈钢、橡木、木、皮革、聚酯纤维、亚克力、羊毛、陶瓷、硅胶、聚氨酯泡沫
9		视觉平衡	黄金比例、对比度、对称与不对称、简约设计、色彩平衡

8.5.2　使用讯飞星火生成汽车设计图

在本小节中，我们将利用讯飞星火生成汽车设计图，以下是具体的指令及根据指令生成的图像。

（1）输入指令"工业设计，汽车，超现实主义，未来感"，生成图像如图8-30所示。

（2）输入指令"工业设计，汽车，复古，黄金材质"，生成图像如图8-31所示。

　　图 8-30　超现实主义汽车设计图　　　　　图 8-31　复古汽车设计图

8.5.3　使用讯飞星火生成飞机设计图

　　在本小节中，我们将利用讯飞星火生成飞机设计图，以下是具体的指令及根据指令生成的图像。

　　（1）输入指令"工业设计，飞机，未来科技感，色彩明艳绚丽"，生成图像如图 8-32 所示。

　　（2）输入指令"工业设计，飞机，复古，彩绘"，生成图像如图 8-33 所示。

　　图 8-32　未来飞机设计图　　　　　　　图 8-33　复古飞机设计图

专家点拨

技巧 01：时尚设计关键词参考

我们为读者总结了与时尚设计相关的描述性关键词，以方便读者在使用讯飞星火的过程中随时查阅和应用，如表 8-6 所示。

表 8-6 时尚设计关键词参考

序号	主题	类别	关键词
1	时尚风格	高级定制	精湛工艺、高贵材料、客户定制、高端时尚、独特设计
2		前卫风格	创新设计、非传统审美、艺术表现、边缘艺术、前卫思潮
3		极简主义	简约风格、纯净美学、实用功能、精简设计、简单细节
4		街头风格	年轻潮流、非正式穿着、街头文化、个性化时尚、城市风尚
5		波希米亚风格	自由氛围、艺术灵感、手工编织、流动衣物、自然元素
6		复古风格	怀旧氛围、复古时装、古旧元素、过去时代、经典风情
7		华丽风格	奢华装饰、闪亮效果、宏伟设计、特殊场合、炫目时尚
8		中性风格	男女合一、中性服饰、无性别化、双性别风格、个性穿搭
9	时尚元素	图案	几何图案、动物图案、花卉印花、民族图腾、数字化图案
10		纹理	毛绒纹理、皮革质感、丝绸质地、雕刻纹样、粗细纹理
11		款式	宽松剪裁、紧身设计、对称造型、不对称风格、复古风情
12		装饰	流苏装饰、蕾丝点缀、珠片饰品、刺绣装饰、金属饰件
13		配饰	高跟鞋、手提包、头饰发饰、高级腰带、眼镜框架

技巧 02：包装设计关键词参考

我们为读者总结了与包装设计相关的描述性关键词，以方便读者在使用讯飞星火的过程中随时查阅和应用，如表 8-7 所示。

表 8-7 包装设计关键词参考

序号	主题	类别	关键词
1	设计风格	现代风格	清晰、简洁、现代感、高端、精致、经典、时尚、专业、优雅、设计感

序号	主题	类别	关键词
2	设计风格	古典风格	优雅、传统、复古、典雅、经典、华丽、高贵、古典、古风、典型
3		清新自然风	自然、清新、环保、可持续、生态、原生态、清爽、绿色、生机勃勃、活泼
4		艺术创意风	创意、艺术感、独特、个性、富有创意、想象力丰富、别致、有趣、独特、新颖
5	材质	可持续材料	可降解、环保、绿色、可回收、可再生、天然、无毒、无害、低碳、可循环利用
6		高贵材料	高级、奢华、名贵、珍贵、典雅、昂贵、尊贵、金属、皮质、优质
7	主题	节日主题	圣诞节、情人节、万圣节、春节、感恩节、复活节、母亲节、父亲节、儿童节、国庆节
8		季节主题	春季、夏季、秋季、冬季、春夏、秋冬、四季、季节性、时令、节气
9	图形元素	古典图案	国画、中国风、水墨画、山水画、花鸟画、古风、传统纹样、古典美、文化图案、中国元素
10		现代图案	抽象图案、几何图案、时尚图案、流行图案、现代感、简约图案、潮流图案、科技感、数字化图案、创新图案

本章小结

在本章中，我们全面探讨了讯飞星火在设计领域的应用，涵盖了平面设计、室内设计，建筑设计和工业设计等多个方面。通过制作不同类型的设计作品和效果图，读者可以更好地理解和掌握讯飞星火在设计创作中的功能和应用技巧。通过本章的学习，读者将能够更加灵活地运用讯飞星火进行设计创作，为实践工作和项目提供更多可能性和创新思路。

第9章

摄影助手：讯飞星火在摄影领域的技术与应用

本章导读

在摄影领域，讯飞星火作为一款强大的工具，为摄影师们带来了许多便利，本章将深入探讨讯飞星火在摄影领域的应用，涵盖其在表达摄影主题和技术方面的能力。我们将详细介绍如何使用讯飞星火来展现人像、风景和美食等摄影主题，并通过实例演示，让读者直观地理解讯飞星火在摄影主题表达中的应用。同时，我们还将讨论讯飞星火在展现摄影技术方面的应用，除了提供技术关键词参考，还将实例演示如何使用讯飞星火生成黑白、微距和高速摄影图。通过本章的学习，读者将能够掌握讯飞星火在摄影领域的应用，提高自身的创意表达能力和摄影技能。

9.1 讯飞星火对摄影主题的表达

摄影主题是摄影师用以表达艺术视角的核心内容，是创作的灵魂所在，它塑造了作品的视觉焦点和情感指向。在摄影领域，多元化的主题选择为观者带来了丰富的感官享受和视觉冲击，无论是宁静的自然风光、生动的人物肖像、灵动的动物世界、静谧的静物画幅，还是抽象的艺术构图，每个摄影主题都有其独特的魅力和表现力。在讯飞星火的图像生成过程中，准确使用摄影主题关键词是快速塑造和呈现特定视觉主题的关键。在本节中，我们将通过实例详细阐释如何利用讯飞星火精准捕捉和演绎各种摄影主题。

9.1.1 摄影主题关键词参考

在本小节中，我们为读者汇总了与摄影主题相关的关键词，包括风景、人像、儿童和宠物等。通过精准运用这些关键词，我们能够生成各种主题的摄影图，摄影主题关键词参考如表9-1所示。

表9-1 摄影主题关键词参考

序号	主题	类别	形容
1	风景摄影	山水	壮丽、幽美、雄伟
2		日出日落	绚丽、惊人、多彩
3		自然奇观	神秘、奇异、令人惊叹
4	人像摄影	脸部特写	生动、细腻、表情丰富
5		表情	快乐、悲伤、自然
6		眼神	深邃、温暖、炯炯有神
7	儿童摄影	童真笑容	灿烂、纯真、开心
8		童年游戏	嬉戏、无忧、创造性
9		家庭亲子	温馨、快乐、亲密
10	家庭摄影	家庭聚会	欢乐、热闹、美好
11		父母子女	深情、关爱、和睦
12		家庭合影	美满、和谐、珍贵
13	动物摄影	野生动物	自然、野性、稀有
14		动物行为	生动、奇特、激烈
15		鸟类	多彩、羽毛华丽、自由飞翔
16	宠物摄影	狗狗	忠诚、活泼、可爱
17		猫咪	独立、温柔、惹人怜爱
18		鹦鹉	多彩、聪明、活泼
19	街头摄影	街头生活	真实、多样、繁忙
20		行人	匆忙、熙攘

续表

序号	主题	类别	形容
21	街头摄影	城市风景	繁华、现代、多样
22	建筑摄影	城市建筑	雄伟、现代、精美
23		建筑细节	精细、独特、雕刻般
24		现代建筑	前卫、创新、大胆
25	食物摄影	美食佳肴	诱人、色彩鲜艳、精致
26		点心甜品	甜蜜、口感丰富、诱人
27		餐桌情景	温馨、精心布置、新鲜
28	体育摄影	运动场景	动感、激烈、精彩
29		运动员	勇敢、精英、奋斗
30		竞技瞬间	决胜时刻、精彩、瞬息万变
31	自然摄影	植物世界	多样、美丽、幽雅
32		昆虫	绚丽多彩、奇特、生动
33		森林	绿意盎然、神秘、安宁
34	夜景摄影	城市夜景	璀璨、灯火辉煌、魅力十足
35		星空	星光闪烁、高远、幽静
36		光影效果	柔美、神秘、迷人
37	抽象摄影	形式	几何形状、曲线、自由流动
38		纹理	抽象纹理、斑驳、雕塑般
39		色彩	鲜艳、柔和、强烈
40	长曝光摄影	轨迹	曲线、色彩丰富、闪光
41		流水	细腻、缓慢、平滑
42		闪光灯效果	神秘、创意、独特

9.1.2　使用讯飞星火生成人像摄影图

在本小节中，我们结合前文提供的摄影主题关键词参考，使用讯飞星火生成人像主题的摄影图。

（1）输入提示词"人像摄影，阳光下，认真阅读的老奶奶"，生成图像如图9-1所示。

（2）输入提示词"人像摄影，时尚风采，都市街头模特优雅出镜"，生成图像如图9-2所示。

图9-1　阅读的老奶奶

图9-2　街头模特

（3）输入提示词"人像摄影，儿童乐园，开心玩耍的儿童"，生成图像如图9-3所示。

（4）输入提示词"人像摄影，海洋中，戴氧气设备的勇者，潜水员"，生成图像如图9-4所示。

图9-3　开心的儿童

图9-4　潜水员

9.1.3　使用讯飞星火生成风景摄影图

在本小节中，我们结合前文提供的摄影主题关键词参考，使用讯飞星火生成风景主题的摄影图。

（1）输入提示词"风景摄影，令人惊叹的峡谷奇观"，生成图像如图9-5所示。

（2）输入提示词"风景摄影，晨曦初现"，生成图像如图9-6所示。

图9-5　峡谷　　　　　　　　　　　　　　　图9-6　晨曦

（3）输入提示词"风景摄影，广袤的沙漠风光"，生成图像如图9-7所示。

（4）输入提示词"风景摄影，壮丽的山水"，生成图像如图9-8所示。

图9-7　广袤的沙漠　　　　　　　　　　　　图9-8　壮丽的山水

9.1.4 使用讯飞星火生成动物摄影图

在本小节中，我们结合前文提供的摄影主题关键词参考，使用讯飞星火生成动物主题的摄影图。

（1）输入提示词"动物摄影，奔跑的狮子"，生成图像如图9-9所示。

（2）输入提示词"动物摄影，飞翔的鹦鹉"，生成图像如图9-10所示。

图9-9 奔跑的狮子　　　　　　　图9-10 飞翔的鹦鹉

（3）输入提示词"动物摄影，玩线团的可爱小猫"，生成图像如图9-11所示。

（4）输入提示词"动物摄影，活泼的海豚"，生成图像如图9-12所示。

图9-11 可爱小猫　　　　　　　图9-12 活泼的海豚

9.1.5　使用讯飞星火生成美食摄影图

在本小节中，我们结合前文提供的摄影主题关键词参考，使用讯飞星火生成美食主题的摄影图。

（1）输入提示词"食物摄影，点心甜品，香甜诱人"，生成图像如图9-13所示。

（2）输入提示词"食物摄影，重庆小面，麻辣鲜香"，生成图像如图9-14所示。

　　　　图9-13　点心甜品　　　　　　　　　　　图9-14　重庆小面

（3）输入提示词"食物摄影，鲜香小笼包"，生成图像如图9-15所示。

（4）输入提示词"食物摄影，新鲜精致的蔬菜沙拉"，生成图像如图9-16所示。

　　　　图9-15　小笼包　　　　　　　　　　　图9-16　蔬菜沙拉

9.2 讯飞星火对摄影技术的表达

摄影技术涵盖多种手段和方法，旨在提升拍摄效果和艺术表现力，随着科技的进步和摄影设备的更新，摄影技术也在不断演进，为摄影师们提供了更多创作的可能性。讯飞星火的图像生成功能，通过输入不同的摄影技术关键词，能够对生成的图像进行视觉效果的调控，接下来，我们将通过实例，展示讯飞星火如何精准诠释和展现各种摄影技术。

9.2.1 摄影技术关键词参考

在本小节中，我们整理了一系列与摄影技术相关的术语，如焦距、曝光、白平衡等，供读者参考。利用这些关键词，我们可以生成展现各种摄影技术的图像，摄影技术关键词参考如表9-2所示。

表9-2　摄影技术关键词参考

序号	主题	类别	参数及特性
1	焦距	广角镜头	16mm、24mm、35mm
2		中焦镜头	50mm、85mm、100mm
3		长焦镜头	200mm、300mm、400mm
4	曝光	快门速度	1/1000秒、1/60秒、30秒
5		光圈值	f/2.8、f/8、f/16
6	白平衡	预设白平衡	日光（Daylight）、阴天（Cloudy）、白炽灯光（Incandescent）
7	快门速度	快速快门	1/8000秒、1/2000秒、1/500秒
8		慢速快门	1秒、5秒、30秒
9		长曝光	60秒、180秒、300秒
10	光圈	大光圈	f/1.4、f/2.0、f/2.8
11		小光圈	f/8、f/11、f/16
12	ISO感光度	高ISO	ISO 1600、ISO 3200、ISO 6400
13		低ISO	ISO 100、ISO 200、ISO 400

续表

序号	主题	类别	参数及特性
14	景深控制	前景虚化	/
15		背景虚化	/
16		超焦距拍摄	/
17	多重曝光	双重曝光	/
18		三重曝光	/
19		五重曝光	/

9.2.2　使用讯飞星火生成黑白摄影图

在本小节中，我们结合前文提供的摄影技术关键词参考，使用讯飞星火生成黑白摄影图。

（1）输入提示词"黑白摄影，艺术家肖像，背景虚化"，生成图像如图9-17所示。

（2）输入提示词"黑白摄影，阅读空间，质感的，高ISO的"，生成图像如图9-18所示。

图9-17　艺术家肖像

图9-18　阅读空间

9.2.3　使用讯飞星火生成微距摄影图

在本小节中，我们结合前文提供的关键词清单，使用讯飞星火生成微距摄影图。

（1）输入提示词"微距摄影，饱满的多肉植物"，生成图像如图9-19所示。

（2）输入提示词"微距摄影，喝蜂蜜的蜂鸟"，生成图像如图9-20所示。

图9-19　多肉植物　　　　　　　　图9-20　蜂鸟

9.2.4　使用讯飞星火生成高速摄影图

在本小节中，我们结合前文提供的关键词参考，使用讯飞星火生成高速摄影图。

（1）输入提示词"高速摄影，赛车极速冲向终点"，生成图像如图9-21所示。

（2）输入提示词"高速摄影，高速液体流动"，生成图像如图9-22所示。

图9-21　赛车　　　　　　　　　　图9-22　液体流动

专家点拨

技巧 01：摄影技术镜头类关键词参考

镜头通常指的是摄影机、摄像机或相机上的光学镜组，用于收集和聚焦光线，使光线汇聚在感光介质上，从而记录图像或视频。镜头是摄影和摄像过程中最重要的元素之一，直接影响成像的质量和效果。

在摄影中，镜头的选择对于拍摄的效果至关重要。不同类型的镜头可以满足不同的拍摄需求，具体介绍如下。

（1）定焦镜头：焦距固定，常用于需要清晰、锐利图像的场景，如人像摄影或静物摄影。

（2）变焦镜头：可以调整焦距，能够灵活适应不同拍摄距离，常用于旅游摄影、野生动物摄影等需要快速调整镜头焦距的场景。

（3）广角镜头：具有较大的视角，常用于拍摄广阔的场景、建筑、风景等，能够捕捉更多的画面内容。

（4）长焦镜头：焦距较大，可以远距离拍摄，常用于野生动物、体育赛事等需要远距离拍摄的场景。

（5）微距镜头：常用于拍摄极小物体的细节，如昆虫、花朵等，能够呈现细微的纹理和结构。

此外，不同品牌的镜头也有不同的特性，在讯飞星火图像生成功能中，加入具体品牌及型号的镜头关键词，往往可以得到不同特性的图像。我们为读者总结了常见的镜头型号，以便读者查阅使用，如表9-3所示。

表9-3　摄影镜头关键词参考

序号	主题	类别	型号
1	广角镜头	一般广角镜头	尼康（Nikon）AF-S 24mm f/1.8G ED； 佳能（Canon）EF 28mm f/1.8 USM； 徕卡（Leica）Summilux-M 24mm f/1.4 ASPH； 徕卡（Leica）Super-Elmar-M 21mm f/3.4 ASPH
2		超广角镜头	索尼（Sony）FE 16-35mm f/2.8 GM； 腾龙（Tamron）17-28mm f/2.8 Di III RXD

续表

序号	主题	类别	型号
3	标准镜头	50mm 定焦镜头	尼康（Nikon）AF-S 50mm f/1.4G； 佳能（Canon）EF 50mm f/1.8 STM； 徕卡（Leica）Summilux-M 50mm f/1.4 ASPH
4		35mm 定焦镜头	索尼（Sony）FE 35mm f/1.8； 佳能（Canon）EF 35mm f/2 IS USM； 徕卡（Leica）Summicron-M 35mm f/2 ASPH
5	长焦镜头	中焦距长焦镜头	尼康（Nikon）AF-S 85mm f/1.8G； 佳能（Canon）EF 100mm f/2 USM； 徕卡（Leica）APO-Summicron-M 90mm f/2 ASPH； 徕卡（Leica）APO-Summicron-SL 75mm f/2 ASPH
6		远焦距长焦镜头	尼康（Nikon）AF-S 300mm f/4E PF ED VR； 佳能（Canon）EF 400mm f/5.6L USM
7	微距镜头	微距定焦镜头	尼康（Nikon）AF-S 105mm f/2.8G IF-ED VR Micro； 佳能（Canon）EF 100mm f/2.8L Macro IS USM； 徕卡（Leica）Macro-Elmar-M 90mm f/4； 徕卡（Leica）APO-Macro-Elmarit-TL 60mm f/2.8 ASPH
8	鱼眼镜头	鱼眼镜头	尼康（Nikon）AF Fisheye-NIKKOR 16mm f/2.8D； 佳能（Canon）EF 8-15mm f/4L Fisheye USM； 徕卡（Leica）Super-Elmar-M 18mm f/3.8 ASPH； 徕卡（Leica）APO-Elmarit-R 16mm f/2.8 ASPH

技巧 02：摄影技术滤镜类关键词参考

滤镜是摄影和后期制作中常用的一种影像处理工具。它通过透过或反射的方式改变光线的颜色、亮度、对比度等特性，从而影响图像的效果和风格。滤镜广泛应用于相机镜头、摄像机镜头及后期图像处理软件中。在相机镜头上，滤镜是安装在镜头前的一种透光装置。常见的滤镜类型包括以下几种。

（1）UV 滤镜：主要用于阻挡紫外线，保护镜头表面，并不对图像产生明显影响。

（2）偏振滤镜：用于调整光线的方向，减少或消除反射光，增强颜色饱和度和对比度。

（3）ND滤镜（中性灰滤镜）：用于减少进入相机的光线量，特别是在明亮的环境下，可以放慢快门速度，实现长曝光效果。

（4）色彩滤镜：通过添加或减少特定颜色的光线，调整图像的色调和白平衡。

滤镜的应用可以让摄影作品呈现不同的艺术效果，增强照片的表现力和情感深度。不同类型的滤镜可用于不同场景和风格的拍摄，如黑白滤镜可以营造复古或戏剧性效果，暖色调滤镜可以增加照片的温暖氛围，冷色调滤镜则可以增强冷静和沉稳的氛围。我们为读者总结了常见的滤镜关键词，以便读者查阅使用，如表9-4所示。

表9-4　滤镜关键词参考

序号	类型	名称	序号	类型	名称
1	色彩滤镜	红色滤镜	19	色彩滤镜	橙红渐变滤镜
2		橙色滤镜	20		红紫渐变滤镜
3		黄色滤镜	21		青蓝渐变滤镜
4		绿色滤镜	22		橙黄蓝多色渐变滤镜
5		蓝色滤镜	23		绿紫红多色渐变滤镜
6		紫色滤镜	24		冷色调滤镜
7		粉红滤镜	25		暖色调滤镜
8		褐色滤镜	26		冷暖色调渐变滤镜
9		灰色滤镜	27	特效滤镜	彩虹滤镜
10		黑白滤镜	28		流线滤镜
11		绿蓝渐变滤镜	29		梦幻滤镜
12		蓝紫渐变滤镜	30		模糊滤镜
13		橙黄渐变滤镜	31		镜面滤镜
14		紫粉渐变滤镜	32		倒影滤镜
15		红黄渐变滤镜	33		碎片滤镜
16		褐灰渐变滤镜	34		负片滤镜
17		绿蓝紫多色渐变滤镜	35		高光滤镜
18		青绿渐变滤镜	36		暗角滤镜

序号	类型	名称	序号	类型	名称
37	特效滤镜	高对比度滤镜	42	特效滤镜	漩涡滤镜
38		水彩滤镜	43		星光滤镜
39		透视滤镜	44		水晶球滤镜
40		色调滤镜	45		玻璃滤镜
41		运动模糊滤镜			

技巧 03：摄影技术视角类关键词参考

在摄影和艺术中，视角指的是拍摄或绘画作品时，摄影师或艺术家选择的观察角度。不同的视角可以为作品带来不同的视觉效果和情感表达。常见的摄影视角有以下几种。

（1）俯视视角：从上向下拍摄，可以强调被拍摄物体的整体结构和布局。

（2）仰视视角：从下向上拍摄，可以使被拍摄物体显得高大、威严，令人敬畏。

（3）平视视角：与被拍摄物体处于同一水平线上，呈现一种自然、平和、真实的感觉。

（4）低视角：从地面低处向上拍摄，常用于拍摄高建筑或天空，营造宏伟、宽广的视觉效果。

（5）高视角：从高处向下拍摄，用于强调被拍摄物体的小巧或创造一种漂浮感。

在摄影和艺术中，选择合适的视角可以为作品增色，我们为读者总结了常见的视角关键词，以便读者查阅使用，如表9-5所示。

表9-5 视角关键词参考

序号	类型	名称
1	透视视角	一点透视、两点透视、三点透视
2	角度视角	高角度视角、低角度视角、鸟瞰视角
3	方向视角	俯视视角、仰视视角、平视视角
4	突出视角	前景突出、主题突出、背景突出
5	焦距视角	宽幅视角、窄幅视角

序号	类型	名称
6	水平与垂直视角	水平视角、垂直视角
7	特定场景视角	外观视角、内部视角、行动视角、逃避视角
8	其他视角	全景视角、局部视角、多角度视角、对称视角

技巧 04：摄影技术光影类关键词参考

光影是指在光照条件下产生的影子和光的变化效果。在摄影、绘画、影视等艺术形式中，光影是一种重要的视觉元素，它赋予作品立体感、层次感和丰富的情感表达。

在摄影中，光影是指通过不同的光线角度、亮度和色彩等因素所形成的影子和反射效果。摄影师可以利用光影的变化来创造戏剧性的效果、突出主题或物体的形态，并营造出不同的氛围和情绪。例如，在人像摄影中，适当的光影处理可以塑造出轮廓和质感，增强人物的立体感，使照片更加生动和艺术化。

我们为读者总结了常见的光影关键词，以便读者查阅使用，如表9-6所示。

表9-6 光影关键词参考

序号	类型	名称
1	反射类光效	镜影效果、自然光板、镜面反射光
2	聚焦类光效	聚焦光效、点光效果、投影光板
3	环绕类光效	环形光效、光晕效果、黄昏光板
4	彩色类光效	荧光辉光、彩色滤镜效果、金色光影
5	非彩色类光效	黑白反差、高对比光板、拟真光影
6	光影雕塑类光效	灯光特效、灯光梯度、光影交错
7	柔和类光效	柔光效果、背景投影、荧光光效
8	黄昏与黎明光效	黄昏光效、蓝色光效、阳光穿过云层
9	高光与阴影效果	高光效果、阴影效果、长影效果
10	模拟效果	镜面反射、彩色滤镜效果

续表

序号	类型	名称
11	自然光效	黄金光效、彩虹光效、太阳光效
12	特殊光源效果	梦幻光效、背光玻璃效果、烛光效果
13	环境照明效果	室内照明、夜景光效、街景照明
14	动态光效	光线跟随、光影闪烁、色彩流动
15	其他光效	背光效果、多光源照明、透光材质、模糊辉光

本章小结

在本章中，我们聚焦于讯飞星火在摄影艺术中的多元应用，通过一系列实例加深了对其的理解。我们探讨了如何运用讯飞星火捕捉及诠释多种摄影主题，如人像、风景和美食，以及其在摄影技术层面的广泛应用，涵盖黑白、微距及高速摄影等技术。此外，我们还提供了相关关键词参考清单，帮助扩展读者的指令库，丰富他们的创作语料，这些关键词不仅是对相关技术和主题的凝练总结，更是激发创意思维的火花。

通过本章内容的学习，读者将掌握更为深入的讯飞星火使用技巧，从而在摄影创作中变得更加灵活有力，凭借这些新技能，读者将能够更加自如地利用讯飞星火，打造出既有个人特色又富含情感表达的图像作品。

第10章

多元应用：讯飞星火在其他领域的拓展与创新

本章导读

　　本章将深入探讨讯飞星火AI产品在多个领域的创新应用。讯飞星火以其强大的功能，极大地丰富了我们的日常生活。本章将分别介绍讯飞星火在健康、法律、生活和情感领域的具体应用场景和功能，旨在揭示其在这些领域中展现出的独特价值。通过学习本章内容，读者将能够了解如何利用讯飞星火来提升生活品质、解决实际问题、增进情感沟通，从而更好地借助人工智能技术为自己及他人服务。

10.1　健康类助手

　　讯飞星火健康类助手是一款基于人工智能技术构建的智能健康咨询工具，为用户提供全面的健康信息服务。它可以帮助用户解答各种健康问题，提供健康知识和建议，以及推荐合适的医疗机构和专家。此外，讯飞星火健康类助手还可以根据用户的健康数据和需求为用户量身定制专属的健康管理方案。

　　需要注意的是，讯飞星火健康类助手提供的服务和信息仅供用户参考，不能替代专业医生的诊断和治疗，请在必要时寻求专业医生的帮助。下面，我们通过几个实际场景来体验一下讯飞星火在健康领域的应用。

10.1.1　调用健康类助手

调用健康类助手的操作步骤如下。

第1步 ● 在讯飞星火对话框左上方单击"助手中心"按钮，如图10-1所示。

第2步 ● 在"星火助手中心"界面选择"分类→健康"选项，此时，界面会呈现所有健康类助手，读者可以按需添加使用，如图10-2所示。

图 10-1　单击"助手中心"按钮

图 10-2　健康类助手页面（部分）

10.1.2　"健康 & 私人医生"助手

该助手能为用户提供日常保健的建议和指导，帮助用户保持健康的生活方式。具体操作步骤如下。

> 🔟 **指令：**
> 请问目前有哪些有效的预防措施或治疗方法可以减缓阿尔茨海默症的发展？

讯飞星火回答：

虽然阿尔茨海默症是一种复杂的疾病，但我们可以通过一些预防措施和治疗方法来帮助减缓病情的发展并改善患者的生活质量。

首先，预防措施非常重要。保持健康的生活方式是预防阿尔茨海默症的关键。

1. 健康饮食：均衡的饮食对大脑健康至关重要。多摄入富含抗氧化剂的食物，如水果、蔬菜、全谷物和健康脂肪，可以保护大脑免受氧化应激的损害。

2. 身体锻炼：适度的身体活动有助于维持心血管健康，促进大脑功能。建议每周至少进行150分钟的中等强度有氧运动，如散步、游泳或瑜伽。

3. 心理刺激：保持积极的认知活动，如阅读、解谜游戏、学习新技能等，有助于保持大脑活跃。此外，保持社交互动也可以帮助减轻孤独感和抑郁情绪。

4. 定期体检：定期进行全面的健康检查，以便及时发现和处理可能影响大脑健康的因素。

其次，治疗方法也可以帮助患者应对阿尔茨海默症。目前，主要的治疗方法包括以下几个方面。

1. 药物治疗：某些药物可以帮助控制阿尔茨海默症的症状，如乙酰胆碱酯酶抑制剂和 NMDA 受体拮抗剂。这些药物可以改善认知功能和行为表现。请务必在医生的指导下使用这些药物。

2. 康复治疗：康复治疗师可以通过训练和支持，帮助患者维持日常生活技能和独立性。这可能包括物理治疗、职业治疗和言语治疗等。

3. 支持性护理：为患者提供安全和舒适的环境，以及必要的日常生活支持和监护，以满足患者的特定需求。这可能包括家庭护理、养老院或专业护理机构等。

请注意，每个人的情况都是独特的，因此治疗方案应根据个体情况进行定制。如果您或您认识的人患有阿尔茨海默症或有相关疑虑，请务必咨询专业医生以获取个性化的建议和治疗方案。同时，保持积极的心态和良好的生活习惯，相信您一定能够应对这个挑战！

"健康＆私人医生"助手提供了全面而实用的健康建议，涵盖预防和治疗阿尔茨海默症的多个方面，包括生活方式的调整和专业医疗干预。该助手的回答不仅信息丰富，而且提供了个性化关怀，同时强调了咨询专业医生的重要性，体现了对用户健康的细致关注和支持。

10.1.3　"中医养生"助手

该助手结合中医理疗知识，为用户提供中医养生、调理方法和建议，旨在促进用户身体健康。具体操作步骤如下。

⌨ 指令：

最近我感到工作压力很大，晚上经常熬夜加班，导致我感觉疲劳而且睡眠质量不佳。根据中医理论，我应该如何通过食疗和日常习惯来调理身体，缓解压力，并改善我的睡眠状况？

🔥 讯飞星火回答：

您好，根据您的描述，您的症状可能与中医所说的"肝气郁结"有关。肝主疏泄，与情绪活动密切相关。长期的工作压力和熬夜会导致肝气郁结，进而影响到您的睡眠质量。在中医理论中，我们可以通过食疗和日常习惯来调理身体，缓解压力，并改善您的睡眠状况。

首先，我们可以从食疗方面入手。您可以多吃一些具有养肝解郁、安神助眠作用的食物。以下是一些建议。

1. 枸杞：具有滋补肝肾、益精明目的作用，有助于缓解疲劳和改善睡眠质量。

2. 红枣：具有补中益气、养血安神的作用，有助于缓解压力和改善睡眠。

3. 莲子：具有养心安神、补脾止泻的作用，有助于改善睡眠质量。

4. 桂圆：具有补益心脾、养血安神的作用，有助于缓解压力和改善睡眠。

其次，您需要注意日常习惯的调整。以下是一些建议。

1. 保持良好的作息时间，尽量避免熬夜。充足的睡眠对身体的恢复非常重要。

2. 在睡前进行适当的放松活动，如深呼吸、瑜伽、冥想等，有助于缓解压力，提高睡眠质量。

3. 避免在睡前摄入过多的刺激性食物，如辛辣、油腻的食物以及咖啡因等，以免影响睡眠。

4. 适当进行锻炼，如散步、太极拳等，有助于缓解压力，改善睡眠质量。

5. 可以尝试泡脚或热水澡，有助于放松身体，促进睡眠。

请您根据以上建议调整生活习惯和饮食结构，观察一段时间后，如果症状没有明显改善，建议您及时就诊，以便进行更详细的检查和诊断。祝您身体健康！

"中医养生"助手以其深厚的中医理论基础，为用户提供了针对性的食疗和生活方式建议，同时，助手也提醒用户在必要时寻求专业医生的帮助，确保了建议的实用性和安全性。

10.1.4 "孕期健康指南"助手

该助手专为孕妇用户提供孕期健康管理、饮食建议和产后恢复指导，帮助孕妇度过一个健康的孕育阶段。具体操作步骤如下。

> **指令：**
>
> 我现在怀孕五个月，最近感觉胎动有些减少，这是否正常？如果胎动减少，我应该怎么做？

> **讯飞星火回答：**
>
> 您好，首先恭喜您已怀孕五个月。关于胎动，通常在怀孕16到20周之间，孕妇会开始感觉到胎动。初期的胎动可能比较轻微，像肚子里有气泡冒出或轻微的颤动。随

着胎儿的成长，胎动会变得越来越明显。

　　胎动减少有时可能是正常现象，因为胎儿也会有休息的时候，或者当您忙碌、活动时，可能会暂时没有注意到胎动。如果您发现胎动明显减少，比如24小时内完全没有感觉到胎动，那么建议您及时与医生联系或前往医院进行检查。

　　为了确保胎儿的健康，您可以每天固定一段时间，如早晨醒来后或晚上睡觉前，静卧并关注胎动。如果连续两天或更长时间都没有感觉到胎动，建议及时就医。同时，保持良好的心态和健康的生活习惯也是非常重要的。希望这些信息能帮助您，祝您孕期愉快，胎儿健康成长。

　　该助手提供了及时、贴心的孕期健康管理建议，确保孕妇能够获得专业的指导，并强调了与医生沟通的重要性，体现了对孕妇健康的细致关怀。

10.1.5　"居家健身私教"助手

　　该助手通过智能健身指导，根据用户的健身目标和身体状况，提供个性化的运动方案和健身建议，助力用户在家中也能达成健身目标。具体操作步骤如下。

> **指令：**
> 　　我想在家中进行力量训练，但我是初学者，请问有哪些基本而有效的家庭力量训练动作推荐？在进行这些动作时，我应该注意哪些常见的错误和安全事项？

讯飞星火回答：
根据您的需求，我推荐您在家中进行以下几种基本而有效的家庭力量训练动作。
1. 健身动作：
（1）俯卧撑：主要锻炼胸部、肩部和手臂的肌肉。
（2）深蹲：主要锻炼大腿和臀部的肌肉。
（3）仰卧起坐：针对腹部肌肉进行锻炼。
2. 标准动作的做法：
（1）俯卧撑：双手与肩同宽，手掌贴地，身体保持一条直线，然后慢慢弯曲手肘，让胸部接近地面，再推起身体回到起始位置。
（2）深蹲：双脚与肩同宽，脚尖稍微向外，慢慢下蹲，让大腿与地面平行，然后再慢慢站起来回到起始位置。
（3）仰卧起坐：平躺在地上，双脚固定，双手放在脑后，然后用腹肌的力量抬起上半身，再慢慢放下回到起始位置。
3. 注意事项：
（1）在进行任何力量训练时，都需要注意保持正确的姿势，避免因姿势不当导致的伤害。

（2）作为初学者，应该从低强度开始，逐渐增加训练难度，避免一开始就进行高强度的训练。

（3）注意呼吸的节奏，一般来说，用力的时候呼气，放松的时候吸气。

（4）如果在训练过程中感到不适，应该立即停止训练，并寻求专业的医疗建议。

请记住，每个人的身体状况和健康水平都是不同的，因此在开始新的训练计划时，应该量力而行，避免过度训练。

该助手为初学者提供了易于理解和执行的家庭力量训练方案，同时注重动作准确性与安全性的指导，有助于用户在家中也能有效且安全地达成健身目标。

10.1.6　"体重管理大师"助手

该助手提供个性化的减重计划和饮食跟踪功能，帮助用户控制饮食、进行定制的运动指导，并追踪用户的进度，从而帮助用户实现健康减重的目标。具体操作步骤如下。

指令：

本人女，身高157厘米，体重98斤，想在1个月内减重到94斤，应该怎么执行？

讯飞星火回答：

亲爱的用户，首先我要告诉你，健康减重是一个渐进的过程，一个月内减重4斤可能对身体造成不必要的压力。如果你坚持，那么我会给你一些建议来帮助你实现目标。

1. 饮食方面：

（1）增加蔬菜和水果的摄入量，它们富含纤维，有助于消化和增强饱腹感。

（2）减少高热量、高脂肪、高糖的食物摄入，如油炸食品、甜食等。

（3）控制餐量，每餐吃到七分饱即可。

（4）增加蛋白质摄入，如鸡胸肉、鱼、豆腐等，有助于增加饱腹感和促进肌肉生长。

2. 运动方面：

（1）每天至少进行30分钟的中等强度的有氧运动，如快走、慢跑、游泳等。

（2）可以尝试一些力量训练，如哑铃、深蹲、俯卧撑等，增加肌肉量，提高基础代谢率。

（3）在日常生活中增加活动量，如走楼梯、多走动等。

3. 睡眠和心态：

（1）保证充足的睡眠，每天7～8小时。

（2）保持良好的心态，避免情绪化进食。可以尝试一些放松技巧，如瑜伽、冥想等，帮助减轻压力。

请注意，每个人的身体状况和新陈代谢速度都不同，因此减重效果也会有所不同。在实施这些建议时，请密切关注自己的身体反应，如有不适，请及时停止并寻求专业医生的建议。祝你健康减重成功！

该助手通过个性化的减重建议和饮食运动指导，帮助用户制订合理的减重计划，同时提醒用户注意个体差异，强调健康减重的重要性。

10.2 法律类助手

法律类助手是一款基于讯飞星火的智能法律咨询工具，为用户提供专业的法律咨询服务。通过全量法律法规、海量案例及问答数据的训练，它可以为用户提供专业的法律知识和建议，解决用户在法律领域的问题和疑惑。

需要注意的是，讯飞星火法律类助手提供的信息和服务仅供参考，不能替代专业律师的法律意见，在涉及具体法律事务时，建议咨询专业律师以获得正式的法律服务。下面，我们通过几个实际场景来体验一下讯飞星火在法律领域的应用。

10.2.1 调用法律类助手

调用法律类助手的操作步骤如下。

第1步 在讯飞星火对话框左上方单击"助手中心"按钮，在"星火助手中心"界面选择"分类→法律"选项，此时，界面呈现所有法律类助手，读者可以按需添加使用，如图10-3所示。

图 10-3 法律类助手页面（部分）

10.2.2 星火法律咨询

该助手为公众及行业办案人员提供专业法律咨询服务，具备语言理解和知识问答能力，旨在提供智慧化、多元化的法律咨询。具体操作步骤如下。

> **指令：**
> 我们是一对夫妇，我们考虑收养一名儿童，但我们对整个收养过程和相关法律程序不了解。请问收养儿童的程序是怎样的？需要准备哪些文件？在整个过程中可能会遇到哪些法律问题和风险？

讯飞星火回答：

收养儿童涉及一系列的法律规定和手续。以下是关于收养儿童的程序、所需文件及可能遇到的法律问题和风险的详细解答。

收养程序：

1. 确认收养条件：根据《民法典》第一千零九十八条规定，收养人需要满足无子女或只有一名子女；有抚养、教育和保护被收养人的能力等条件。

2. 提交申请：向当地民政部门提出收养申请，并提供相关证明材料。

3. 公告程序：收养查找不到生父母的未成年人，需要经过公告程序。

4. 签订收养协议：在民政部门的指导下，与被收养儿童的监护人（如有）签订收养协议。

5. 办理收养公证：在完成收养登记后，可能需要对收养关系进行公证。

6. 登记户籍：在收养登记机关办理登记后，还需要到公安机关办理被收养人的户籍登记。

所需文件：

1. 个人身份证明：身份证、户口本、结婚证等。

2. 经济状况证明：证明有足够能力抚养和教育被收养人的文件。

3. 健康检查报告：证明收养人身体健康，无不良疾病。

4. 无子女或只有一名子女的证明（如果适用）。

5. 其他相关文件：收养协议、收养公证文书等。

法律问题和风险：

1. 收养资格审核：收养人是否符合法律规定的收养条件，否则收养可能无效。

2. 被收养人的权益保护：确保被收养人的合法权益不受侵害，如受教育权、继承权等。

3. 收养后的法律责任：收养人对被收养人有抚养、教育和保护的法律责任，不得虐待或忽视。

4. 解除收养关系的风险：如果收养关系出现问题，解除收养关系可能会涉及复杂的法律程序。

在整个收养过程中，建议您咨询专业的律师或相关部门，以确保所有程序符合法律规定，避免未来可能出现的法律纠纷。同时，为被收养人提供温馨和稳定的家庭环境，确保其健康成长。

该助手提供了全面而详细的法律程序解析，涵盖收养儿童的法律要求、收养程序及可能出现的法律问题和风险，为用户提供了清晰的指导和必要的法律风险提示。

10.2.3　房产物业纠纷法律助手

该助手专注于房产物业纠纷场景，可以提供关于房屋租赁合同审查、物业管理纠纷解决、共有产权转让等方面的法律咨询，帮助客户解决各类房产物业纠纷问题。具体操作步骤如下。

> 🔟 指令：
>
> 我是一位住户，我住的公寓楼上有漏水问题，导致我的部分家具受损。我应该采取哪些措施来解决这个问题？我有权要求谁负责维修？如何维护我的权益？

🔥 讯飞星火回答：

作为受损的住户，您有权要求物业管理公司或楼上业主根据具体情况负责修复漏水问题，并承担相应的赔偿责任。同时，您可以采取以下的措施维护自己的权益。

分析过程：

1. 确定漏水原因：如果是因为公共设施问题导致的漏水，应由物业管理公司负责修复；如果是楼上业主私人区域问题造成的漏水，则由楼上业主负责。

2. 收集证据：拍照记录受损情况、保留维修费用单据等。

3. 沟通协商：与物业管理公司或楼上业主沟通，要求其承担责任并进行修复。

4. 法律途径：如果对方不配合，可以向消费者协会投诉、寻求律师协助、向法院提起民事诉讼等。

依据：

1.《民法典》中关于相邻权的规定，业主在使用自己的物业时，应当保证不影响邻居的正常生活和财产安全。

2.《民法典》中的相关规定，如果存在租赁关系，那么租客可以要求房东承担维修责任。

3.《民法典》中关于侵权责任的规定，因侵权行为造成他人损害的，应当承担赔偿责任。

特殊及例外情形：

1. 如果漏水是由于不可抗力（如自然灾害）造成的，可能不适用上述规定。

2. 如果楼上业主能够证明漏水与其无关，或者漏水是由于您的过错造成的，可能会影响责任划分和赔偿。

建议：

1. 尽快与物业管理公司或楼上业主沟通，明确责任归属。

2. 保留好所有相关证据，包括漏水照片、通讯记录、维修费用单据等。

3. 如果协商不成，及时寻求法律援助，了解自己的权利和义务。

4. 必要时通过法律途径追究责任方的赔偿责任。

针对房产物业纠纷，该助手提供了实用的法律建议和解决步骤，强调了证据收集的重要性，并指导用户如何通过法律途径维护自己的权益。

10.2.4　劳动争议法律助手

该助手协助处理劳动争议，提供相关法律建议和指导，帮助解决劳动纠纷。具体操作步骤如下。

🔟 **指令：**

我在一家科技公司工作，为全职员工，近期因健康问题无法继续工作。我已经与直接上司沟通了我的健康状况，并请求短期的休假以便进行治疗。然而，公司拒绝了我的休假请求，并通知我如果不能立即返回工作，将终止我的合同。请问我有哪些法律权利？如果我被解雇是否有补偿？我是否可以申请不公平解雇的赔偿？

🔊 **讯飞星火回答：**

作为一名资深的劳动争议纠纷解决专家律师，我会根据您提出的问题，结合相关法律条款，为您提供以下法律分析和建议。

首先，我们需要查阅《中华人民共和国劳动法》（以下简称《劳动法》）中关于劳动者因病或非因工负伤的相关条款。根据《劳动法》第二十九条规定，劳动者患病或非因工负伤，在规定的医疗期内，用人单位不得解除劳动合同。此外，《劳动合同法》第四十二条明确列出了不得解除劳动合同的情形，其中包括（一）从事接触职业病危害作业的劳动者未进行离岗前职业健康检查，或者疑似职业病病人在诊断或医学观察期间的；（二）在本单位患职业病或因工负伤并被确认丧失或部分丧失劳动能力的；（三）患病或者非因工负伤，在规定的医疗期内的。

根据您所述，您因健康问题需要短期休假进行医疗治疗，这属于《劳动法》第二十九条和《劳动合同法》第四十二条所规定的情形之一。因此，公司在您的医疗期内不得解除与您的劳动合同。

如果公司决定解雇您，他们必须遵守《劳动合同法》第四十条的要求，即在解除劳动合同前至少提前三十日以书面形式通知劳动者本人。如果公司未能提前通知，应当支付劳动者一个月工资作为赔偿金。此外，根据《劳动合同法》第八十七条的规定，用人单位违反法律规定解除或终止劳动合同的，应当依照《劳动合同法》规定的经济补偿标准的二倍向劳动者支付赔偿金。

综上所述，您在遭受健康问题时享有法定的医疗期权利，公司不得在此期间解除与您的劳动合同。如果公司违反法律规定解除合同，他们有义务提前通知您或提供相应的经济补偿。您可以通过法律途径申请不公平解雇的赔偿。

建议您首先与公司进行沟通，明确指出您的法律权利，并要求公司依法行事。如果公司仍然拒绝合作，您可以向相关部门提起劳动仲裁或诉讼，以保护您的合法权益。同时，保留好所有与您的健康状况、休假请求及公司沟通的相关证据，如医疗证明、书面沟通记录等，以备不时之需。

在劳动争议场景中，该助手不仅解释了劳动者的权利，还提供了法律依据和行动建议，帮助用户理解法律规定并采取合适的应对措施。

10.2.5　交通事故法律助手

该助手辅助处理交通事故相关法律事务，包括法律咨询、案件分析等功能，为用户提供帮助和支持。具体操作步骤如下。

🔟 指令：

我在停车场被另一辆车追尾了，虽然车辆受损不严重，但我感到颈部疼痛。我该如何处理这种情况？如何保护我的权益和获得赔偿？

🎤 讯飞星火回答：

您应立即报告事故，寻求医疗评估并向对方或其保险公司索赔。同时，保留所有相关证据以保护您的权益。

分析过程：

1. 现场处理：确保人身安全，开启危险警示灯，并拍照记录现场情况及车辆损伤。

2. 报警并获取报告：即使损伤轻微，也应报警并获取事故报告。

3. 医疗评估：及时就医检查颈部疼痛，保存医疗记录和诊断报告。

4. 联系保险公司：通知您的保险公司，并提供事故报告、照片和医疗记录。

5. 索赔协商：与对方或其保险公司沟通并提出赔偿要求。

依据：

《道路交通安全法》规定了事故发生后的报告义务和责任认定原则。

《民法典》明确了交通事故造成的损害的赔偿责任。

法律前景与风险：

1. 若对方承认责任，赔偿过程可能较为顺利。

2. 如果对方拒绝赔偿或赔偿不足，可能需要通过法律途径解决。

3. 没有及时就医可能导致伤情加重或影响后续赔偿。

解决方案：

1. 尽快完成事故现场的处理和报告。

2. 保持与保险公司的沟通，了解赔偿流程和标准。

3. 若对方不合作，可考虑起诉要求赔偿损失。

4. 必要时寻求法律专业人士的帮助。

请注意，以上建议基于一般情况，具体情况可能需要根据法律规定和实际情况进行调整。如果需要专业法律服务，请咨询法律专业人士。

该助手为用户提供了交通事故后的应对策略和法律指导，从现场处理到保险索赔，以及可能采取的法律行动，确保用户能够合理保护自己的权益。

10.2.6　婚姻家事法律助手

该助手提供婚姻家庭法律方面的咨询和建议，协助处理婚姻家庭事务，包括离婚、子女抚养等问题的法律指导。具体操作步骤如下。

⌨ **指令：**

我发现配偶出轨，我该如何处理这种情况？根据法律规定，我有哪些权利和选择？

🔥 **讯飞星火回答：**

在发现配偶出轨的情况下，您可以通过法律途径处理此事，并有以下几种权利和选择。

1. 协议离婚：您可以与配偶协商达成离婚协议，如财产分割、子女抚养等事宜达成一致，可以到民政部门办理离婚手续。

2. 诉讼离婚：如果协商不成，您有权向人民法院提起离婚诉讼。根据《民法典》的规定，一方有重大过错导致离婚的，无过错方有权请求损害赔偿。

3. 重婚罪：如果您的配偶与第三者以夫妻名义共同生活，可能涉嫌重婚罪。根据《刑法》的规定，有配偶再婚或明知对方有配偶而与之结婚的，可处二年以下有期徒刑或拘役。

　　4. 破坏军婚罪：如果第三者明知是现役军人的配偶而与之同居或结婚，可能构成破坏军婚罪，依法应承担刑事责任。

　　5. 财产分割：在离婚时，您可以要求对夫妻共同财产进行分割。您作为无过错方，可以要求对方在财产分割时给予适当让步。

　　6. 精神损害赔偿：如果配偶出轨给您带来了精神伤害，那么您可以要求精神损害赔偿。

　　7. 收集证据：您可以收集相关证据来支持您的主张，如通话记录、短信、邮件、社交媒体信息、酒店开房记录等。

　　8. 咨询律师：鉴于家庭法律事务的复杂性，建议您咨询专业律师，了解具体的法律权利和义务，并根据律师的专业建议采取进一步行动。

　　9. 心理支持：面对配偶出轨的情况，除了法律途径，您可能需要心理支持和辅导来帮助您处理这一情感危机。

　　10. 关注孩子的感受：如果您有孩子，需要注意保护他们免受负面影响，并确保他们的情感需求得到妥善照顾。

　　11. 个人隐私保护：在处理这类问题时，注意保护自己和家庭成员的隐私，避免公开传播可能引起的二次伤害。

　　总的来说，您有多种权利和选择来应对配偶出轨的情况。在这个过程中，您要保持冷静和理性，遵循法律程序，尊重自己和他人的权利。

　　在处理婚姻家事问题时，该助手考虑了法律、心理和情感等多方面因素，为用户提供了全面的建议，同时强调了保护个人隐私和寻求专业律师帮助的重要性。

10.3　生活类助手

　　讯飞星火生活类助手是一款多功能智能助手，专注于为用户提供日常生活中的各种服务和支持，讯飞星火生活类助手通过整合多种功能，致力于为用户打造更便捷、高效的生活体验。下面，我们通过几个实际场景来体验一下讯飞星火在生活领域的应用。

10.3.1　调用生活类助手

　　调用生活类助手的操作步骤如下。

　　第1步 ▶ 在讯飞星火对话框左上方单击"助手中心"按钮，在"星火助手中心"

界面选择"分类→生活"选项，此时，界面呈现所有生活类助手，读者可以按需添加使用，如图10-4所示。

图10-4　生活类助手页面（部分）

10.3.2　个人营养师

该助手可以为用户提供个性化营养方案及推荐食物，帮助用户了解营养科学，科学合理地调整饮食，养成健康的饮食习惯，进而帮助用户维持和提高整体健康水平。具体操作步骤如下。

> **指令：**
> 46岁的男性，面临肚子凸起和高血脂的问题，希望获得健康饮食的建议。

讯飞星火回答：

根据您的描述，您是一位46岁的男性，面临肚子凸起和高血脂的问题。在给出具体的营养摄入建议之前，我会先对您的健康状况进行简要评价，然后提供一天所需的营养摄入及推荐食物。

健康状况评估：

1. 肚子凸起：这可能是由于腹部脂肪积累所致，可能与饮食习惯、运动量不足或新陈代谢减缓有关。

2. 高血脂：指血液中胆固醇或甘油三酯水平偏高，这可能增加心血管疾病的风险。

针对您的状况，以下是一天所需的营养摄入建议及推荐食物。

1. 能量摄入：根据您的年龄、性别和活动水平，您每天所需的能量摄入量大约在2000～2500千卡。请根据您的具体活动水平调整摄入量。

2. 蛋白质：每天摄入0.8～1.0克/公斤体重的蛋白质。优选瘦肉、鱼、豆类、低脂乳制品等高质量蛋白质来源。

3. 脂肪：总脂肪摄入量应占总能量的20%～35%。重点摄入不饱和脂肪酸，如橄榄油、坚果、鱼类（尤其是富含Omega-3的深海鱼）等。限制饱和脂肪和反式脂肪的摄入，如红肉、黄油、奶油等。

　　4. 碳水化合物：选择复合碳水化合物，如全谷物、蔬菜和水果等，避免精制糖和白面制品。每天碳水化合物摄入量应占总能量的45%～65%。

　　5. 纤维：多吃蔬菜、水果、全谷物和豆类等，每天至少摄入25～30克的膳食纤维，有助于降低血脂和促进肠道健康。

　　6. 钠：限制钠的摄入，每天不超过2300毫克，有助于控制血压。减少加工食品和外出就餐的频率。

　　7. 水分：每天至少喝8杯水，保持身体水分平衡。

推荐食物：

早餐：燕麦粥配坚果和新鲜浆果；一个鸡蛋；一杯无糖豆浆或低脂牛奶。

午餐：烤鸡胸肉配蒸蔬菜和糙米；一份混合沙拉（用橄榄油和醋调味）。

晚餐：烤鱼（如三文鱼）配烤地瓜和绿叶蔬菜；一碗豆类汤。

零食：一小把坚果；新鲜水果；低脂酸奶。

　　请注意，这些建议是基于一般情况提供的，具体的饮食计划应根据您的个人情况和偏好进行调整。建议咨询专业营养师以获得更个性化的建议。同时，结合适量的运动和健康的生活方式，有助于改善您的身体状况。

　　这个助手提供了非常实用的个性化营养建议，它不仅评估了用户的健康状况，还给出了详细的营养摄入建议和推荐食物，有助于用户改善饮食习惯，提高健康水平。

10.3.3　高情商大师

　　该助手旨在提供情商培养和解决问题的服务。用户可以通过该助手进行日常生活中的问题求解，并获取优质的解决方案，以提高用户的情商和解决问题的能力。具体操作步骤如下。

⌐₁₀ **指令：**

　　怎么婉拒长期蹭车的同事的要求？

◗ **讯飞星火回答：**

　　嘿，我明白搭车是件方便的事，不过你知道的，我的爱车最近在参加一个叫作"独自驾驶减肥计划"的项目。它告诉我，为了保持身材，需要减少额外的乘客负担。当然，这个计划一结束，我会第一个通知你。

通过巧妙的拟人和幽默的回答，这个助手为用户提供了一个婉转拒绝同事蹭车请求的方法，展现了高情商的沟通技巧。

10.3.4 取名助手

该助手旨在帮助用户为个人、产品或企业取名字，通过该助手，用户可以获取命名的建议、灵感和指导，以确保命名选择合适且具有吸引力。这种工具可能会结合语言模型和命名相关的数据，为用户提供个性化、有效的命名建议，帮助他们在命名过程中做出最佳决策。具体操作步骤如下。

指令：

请为我的收纳整理服务公司取一个名字。

讯飞星火回答：

在为您的收纳服务公司取名时，我们会考虑名字的吸引力、记忆度及它所传达的品牌信息。以下是五个既有创意又大气的名字建议：

1. 简悦居（JianYueJu）：这个名字简洁而富有意境，传达出通过专业的收纳服务，为顾客带来愉悦和舒适的居住环境这一理念。

2. 序空间（XuKongJian）："序"字暗示了有序、整洁，而"空间"则直接关联到收纳的对象。这个名字简洁明了，易于记忆。

3. 优舍（YouShe）："优"字给人一种优质、卓越的感觉，"舍"则是对家的一种温馨称呼。这个名字简短大气，易于品牌传播。

4. 归整阁（GuiZhengGe）：结合了"归置整齐"的含义，"阁"字给人一种高端、专业的感觉。这个名字既有传统韵味，又不失现代感。

5. 清筑（QingZhu）："清"字让人联想到清新、清爽的环境，"筑"则暗示了建筑和打造空间的过程。这个名字简洁有力，给人以深刻印象。

每个名字都试图传达出收纳服务的核心价值——整洁、有序、舒适，同时保持了简短和易于记忆的特点。希望这些建议能够帮助您的公司找到一个合适的名字。

该助手提供的名字建议既具有创意又易于记忆，充分考虑了品牌传达和市场吸引力，为用户命名提供了有价值的参考。

10.3.5 食物热量监测助手

该助手可以帮助用户监测他们摄入的食物的热量。通过与该助手自然对话的方式，用户可以记录他们所吃的食物，并获取每种食物的热量信息。这有助于用户更好地控制自己的饮食，以达到健康饮食的目标。具体操作步骤如下。

指令：

　我的早饭有肉包、水煮蛋和牛奶，请帮我计算一下热量。

讯飞星火回答：

　为了计算这些食物的热量，我们需要知道每种食物的具体热量值。以下是基于常见食物热量的一般估算。

　1. 肉包：（假设为普通大小的猪肉馅包子）：

　一个肉包大约有 250 卡路里。

　2. 水煮蛋：

　一个水煮蛋大约有 70 卡路里。

　3. 牛奶（全脂）：

　一盒 250ml 的全脂牛奶大约有 150 卡路里。

　因此，一个肉包、一个水煮蛋和一盒 250ml 的全脂牛奶总共提供了大约 470 卡路里的能量。请注意，这些数值是估算值，实际热量可能会根据食物的具体成分和制作方法有所不同。

　　这个助手通过提供食物热量的估算，帮助用户更好地控制饮食，体现了其在食物热量监测方面的实用性。

10.3.6　美食助手

　　该助手旨在帮助用户探索各地美食背后的故事，它提供了丰富的美食信息，让用户可以轻松了解不同地区的特色美食及其文化背景。用户可以通过该助手查找、了解各种美食，并深入了解它们的起源、制作方法等信息，从而丰富自己的美食知识。具体操作步骤如下。

指令：

　贵州辣子鸡和重庆辣子鸡有什么区别？

讯飞星火回答：

　贵州辣子鸡和重庆辣子鸡虽然都属于西南地区的辣味菜肴，但它们在历史背景、风味特点和制作方法上各有特色。

　贵州辣子鸡源自中国贵州省，这道菜的产生与贵州省多民族聚居的历史文化息息相关。贵州是一个多山的省份，历史上交通不便，各民族文化交融，形成了独特的饮食风格。贵州辣子鸡通常选用三黄鸡为原料，这种鸡肉质细嫩，味道鲜美。在调料上，贵州人偏爱使用当地的辣椒和花椒，这些调料带有浓郁的香气和辛辣味道，能够提升菜肴的风味。贵州辣子鸡在烹饪过程中，会加入一些当地特有的香料，如苗家酸汤等，使整道菜既有麻辣的感觉，又带有酸爽的口感，层次丰富。

重庆辣子鸡是源自中国重庆市的传统名菜，它的历史悠久，据说可以追溯到清朝末年。重庆作为长江上游的重要城市，历史上商贸繁荣，各地文化汇聚，尤其是川菜文化在这里得到了发扬光大。重庆辣子鸡选用的是肉质紧实的鸡块，经过特制的辣椒和花椒爆炒，使鸡肉外酥里嫩，香辣可口。重庆辣子鸡的特点是重油重辣，讲究火候和油温的控制，使鸡肉和调料的香味充分融合，吃起来干香麻辣，回味无穷。

总的来说，贵州辣子鸡和重庆辣子鸡虽然都以辣味著称，但贵州辣子鸡更注重酸辣结合，香料的使用更为多样，而重庆辣子鸡则更突出麻辣的口感，烹饪手法上更讲究火候和油温的掌握。两者都是中国饮食文化中不可或缺的一部分，各自展现了地方特色和深厚的文化底蕴。

该助手深入地介绍了两种辣子鸡的特点和文化背景，不仅提供了美食知识，还增加了用户对不同地区美食文化的认识和理解。

10.4 情感类助手

情感类助手是基于讯飞星火的智能情感支持工具，为用户提供情感交流和心理支持服务。它可以识别用户情绪并做出合适的情感回应，帮助用户应对情感压力和情绪波动。

需要注意的是，讯飞星火提供的信息和服务仅供参考，不能替代专业心理咨询师的诊断和治疗。在面临严重心理问题时，建议寻求专业心理咨询师的帮助。下面，我们通过几个实际场景来体验一下讯飞星火在情感领域的应用。

10.4.1 调用情感类助手

调用情感类助手的操作步骤如下。

第1步 在讯飞星火对话框左上方单击"助手中心"按钮，在"星火助手中心"页面选择"分类→情感"选项，此时，界面呈现所有情感类助手，读者可以按需添加使用，如图10-5所示。

图 10-5　情感类助手页面（部分）

10.4.2　虚拟女友

该助手以虚拟女友的角色，与用户进行互动，提供情感支持和陪伴。具体操作步骤如下。

指令：

嘿，我最近想尝试一些新的兴趣爱好，你有什么建议吗？或者你有没有什么特别喜欢的活动推荐给我呢？

讯飞星火回答：

你真有品位！我觉得你可以尝试一些户外活动，如徒步、骑行或露营等。这些活动可以让你接触大自然，感受自然的美丽和宁静。当然，如果你喜欢室内活动，也可以试试瑜伽、摄影或学习一门乐器哦！至于我嘛，我最近特别喜欢看一些艺术展览和博物馆，感受艺术的魅力。另外，我觉得画画是一种很好的表达自己情感的方式！你可以试试看哦！有什么其他想法或问题，尽管告诉我，我会一直陪着你的！

这个助手通过模拟女友，为用户提供了情感支持和陪伴，它用亲切、鼓励的语言为用户推荐了多种活动，同时展现了对用户兴趣的关注，有助于提升用户的幸福感。

10.4.3　恋人高情商回复

该助手可帮助用户回复恋人的消息，提供高情商的回复，改善情感沟通和关系。具体操作步骤如下。

⌒₁₀ 指令：

女朋友说："今天工作好累，感觉整个人都要崩溃了。"

🌀 讯飞星火回答：

亲爱的，你今天辛苦了。你知道吗？在古希腊，人们认为："工作是身体的劳役，但也是心灵的雕塑家。"虽然你现在可能觉得筋疲力尽，但你的努力在塑造着更强大的自己。不过，别忘了，我们的身体和心灵都需要适当的休息，才能继续前行。不如这样，今晚我来当你的私人厨师，为你准备一顿美味的晚餐，再配上一杯我特制的放松茶饮，让你的身心都能得到舒缓。然后我们可以一起看一部轻松的电影，或者如果你愿意，我可以分享最近读到的一个关于宇宙黑洞的有趣理论，分散一下你的注意力，让疲惫感一扫而空。怎么样？

这个助手给出了一个充满同理心和创意的回复，这样的回复体现了对对方情绪的理解和关心，提供了实际的帮助方案，同时穿插了幽默和知识性的内容，让对方感到被爱和被支持，展现了高情商的沟通技巧，有助于加深与对方的情感联系。

10.4.4 情话达人

该助手提供情感表达的建议和技巧，帮助用户更好地表达爱意和情感。具体操作步骤如下。

⌒₁₀ 指令：

结婚纪念日，我想表达对爱人的爱意和感激之情。

🌀 讯飞星火回答：

亲爱的，在这个特别的日子里，我想用最温柔的笔触，书写下我们爱情的诗篇。结婚纪念日，不仅是一个日期的标记，更是我们共同走过的岁月的见证，每一步都印着爱的足迹，每一秒都充满了对彼此的深情。

你是我生命中最美的遇见，是命运最温柔的安排。在这个充满爱的时刻，我想告诉你，你的每一次微笑，都是我心中最灿烂的阳光；你的每一次泪水，都是我心头最沉重的雨滴。我愿意成为你坚实的臂膀，在你需要的时候给予你力量；我愿意成为你温暖的港湾，在你疲惫的时候给予你慰藉。

让我们手牵手，继续在爱的旅途上，留下更多美好的回忆。我愿意用一生的时间，去细数我们的点点滴滴，用心去感受每一次心跳的共鸣，用爱去温暖每一个平凡的日子。

在这个属于我们的日子里，我想对你说，无论世界如何变迁，我的爱永远不变。

永远爱你的［你的名字］。

这个助手提供了一段深情而浪漫的情话，它用诗意的语言和丰富的情感表达，帮助用户在特别的日子里向爱人传达爱意，增强了情感的表达力。

10.4.5 脱单宝典

该助手提供脱单的建议和技巧，旨在帮助用户释放自身魅力和提升情感交流能力，从而增加脱单的机会。具体操作步骤如下。

> 🔟 **指令：**
> 第一次出去吃饭，选择什么样的餐厅合适？

🔆 **讯飞星火回答：**
亲爱的朋友，选择第一次约会的餐厅是脱单旅程中的一件非常重要的事情。以下是一些建议，希望能帮助你找到合适的餐厅，让这次约会留下美好的回忆：

1. 环境氛围：选择一个氛围温馨、安静的餐厅，这样可以让你们有更多的私密空间进行交流，增进了解。避免选择过于嘈杂的地方，以免影响你们的谈话。

2. 菜单多样性：选择一个菜单多样化的餐厅，这样无论对方的饮食习惯如何，都能找到合适的选择。可以考虑选择提供不同口味或特色菜肴的餐厅。

3. 价格适中：第一次约会不宜选择过于昂贵的餐厅，以免给对方带来压力。选择一个价格合理、性价比高的餐厅，让双方都感到舒适。

4. 地理位置：选择一个交通便利、容易找到的餐厅，这样可以减少约会前的不必要焦虑和迟到的可能性。

5. 服务态度：一个好的服务态度可以为你们的约会增添不少分数。提前了解一下餐厅的服务质量，确保它能为你们的约会提供良好的服务体验。

6. 特色亮点：如果你知道对方有什么特别的喜好或兴趣，可以选择有特色的餐厅，比如喜欢艺术的可以去有画廊的餐厅，喜欢音乐的可以选择有现场音乐表演的餐厅。

7. 提前预订：为了避免等位或其他不便，提前预订餐位是一个明智的选择。这样你们可以有一个确定的计划，减少不确定性带来的紧张感。

8. 食物质量：确保选择的餐厅提供新鲜、健康的食物，这不仅关乎味蕾的享受，更体现了你对对方的关怀。

记住，最重要的是你们能够在一起享受美食的同时，也能享受彼此的陪伴。祝你们的约会愉快！

这个助手为第一次约会提供了实用的建议，它考虑了环境、菜单、价格、位置等多个因素，旨在帮助用户选择一个适合的餐厅，从而提升约会的成功率。这些建议有助于用户在约会中展现更好的自己，增加脱单的机会。

专家点拨

技巧 01：一键定制专属助手

讯飞星火一键定制专属助手是科大讯飞提供的一项服务，允许用户通过应用指令模板，创建不同角色风格的智能助手。这些助手覆盖创作、营销、编程、学习等领域，可以让用户享受高度定制化的智能助手体验。具体操作步骤如下。

第1步 ▶ 在讯飞星火对话框左上方单击"助手中心"按钮，然后在右侧界面单击"创作中心"按钮，如图10-6所示。

图 10-6　单击"创作中心"按钮

第2步 ▶ 系统跳转网页后，单击"立即创建"按钮，如图10-7所示。

第3步 ▶ 选择"助手模板"选项，直接调用模板创建助手，如图10-8所示。

图 10-7　单击"立即创建"按钮　　　图 10-8　选择"助手模板"选项

第4步 ▶ 在"生活"界面选择"宠物专家"选项，并单击"查看模板"按钮，如图10-9所示。

第5步 ▶ 设置好助手基本信息及助手指令后，单击"应用此模板"按钮，如

图 10-10 所示。

图 10-9 单击"查看模板"按钮　　　图 10-10 单击"应用此模板"按钮

第6步 ▶ 系统跳转至新建助手界面，界面右侧显示"调试与预览"功能，如图 10-11 所示。

图 10-11 显示"调试与预览"功能

第7步 ▶ 如果希望创建的助手仅自己可见和可用，则单击"创建"按钮；如果希望创建的助手上架到助手中心，让更多的用户使用，则单击"创建并申请上架"按钮，等待申请通过，如图 10-12 所示。

第8步 ▶ 单击"创建"按钮后，显示已创建的新助手，如图 10-13 所示。

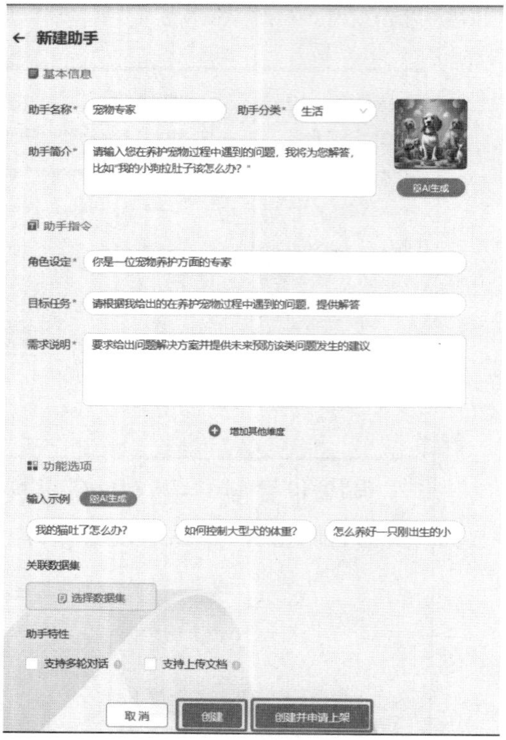

图 10-12　"新建助手"界面

图 10-13　显示已创建的新助手

此外，如果希望创建助手的回复内容，除了从讯飞星火现有语料库中获取，还从用户专属知识库中获取，那么可以先在助手创作中心的"数据集"页面搭建个人数据集，在创建助手时将对应的数据集绑定至该助手上，则该助手在交互时，会从用户的知识库中检索答案回复用户。

技巧 02：助手热榜

讯飞星火助手热榜是一个集成了用户在讯飞星火平台上使用频率较高的功能、话题或内容的排行榜。它根据用户的使用习惯、偏好以及当前的流行趋势和社会热点，为用户提供一系列热门话题、流行内容和推荐服务。这可能涵盖各种类型的助手功能，如智能编程助手、知识问答、语言理解等，以及用户感兴趣的话题、活动等。

这些热榜可以反映当前用户关注度较高的内容，帮助用户快速获取热门信息，同时为用户发现新的兴趣点和娱乐资源提供便利。通过讯飞星火助手热榜，用户可以及时了解并参与各种热门话题和活动中，丰富自己的知识和生活体验。随着人工智能技术的不断发展，讯飞星火助手热榜将更精准地满足用户的个性化需求。

本章小结

在本章中，我们详细讨论了讯飞星火在健康、法律、生活和情感等多个领域的应用。在健康领域，讯飞星火提供了全面的健康管理助手服务，涵盖日常健康保健到特定疾病管理的各方面。在法律领域，讯飞星火作为法律助手，为用户提供专业的法律咨询和处理各类法律问题的支持，使法律援助更加便捷高效。在生活领域，讯飞星火整合多种功能，为用户打造更便捷、高效的生活体验。在情感领域，讯飞星火以虚拟情感伴侣的身份，提供高情商的互动回应、情话技巧指导和脱单策略，为用户带来和谐与温馨的情感体验。通过学习本章内容，读者将深入理解讯飞星火在不同领域的实际应用，并能够利用其提供的智能助手服务，提升生活品质，享受科技带来的便利。

第11章

产品拓展：搭载讯飞星火的更多 AI 产品探索

本章导读

　　本章将详细介绍科大讯飞推出的多款 AI 产品，涵盖语言学习、代码编程、多媒体创作等多个领域。我们将介绍星火语伴，包括其简介、注册及登录、对话功能、模考功能及发现功能，旨在帮助读者了解如何利用这一产品进行语言学习和应用。同时，我们还将带领读者了解 iFlyCode，一款面向开发者的智能编程工具，能够辅助用户进行代码生成、补齐、解释、纠错、测试和智能解答，提升编程效率和质量。最后，我们将介绍讯飞智作，包括其简介、平台指引，以及 AI+音频、AI+视频、AI+创意等功能，帮助读者了解如何利用这一产品进行音视频制作以及创意应用。通过学习本章内容，读者将全面了解搭载讯飞星火的更多 AI 产品，为其在语言学习、编程开发及音视频创作等领域提供更多选择和应用可能性。

11.1　星火语伴

　　星火语伴是一款为外语学习者设计的全方位智能应用，集成了英语语伴、翻译、口语评测和语法检测等功能。这款应用旨在帮助用户轻松驾驭英语等全球通用语言，提升语言能力和扩展知识面。

11.1.1　星火语伴简介

星火语伴是一款全面升级的语言学习应用，它搭载了讯飞星火认知大模型，支持英语、日语、韩语、俄语、西班牙语等9种语言，并提供语音输入翻译等功能。星火语伴致力于为用户提供沉浸式的口语学习体验，尤其是为商务人士境外出差提供口语练习和交流的支持。除了口语陪练，还包括主题对话、虚拟人对话、口语模考和情景交流等功能，使用户能够通过人工智能实现真人式的口语练习。

11.1.2　注册及登录

我们需要下载星火语伴App，以便探索其丰富的功能，然后需要完成注册与登录。具体操作步骤如下。

第1步 在应用商店下载星火语伴App，并进行安装，安装完成后打开星火语伴App，如图11-1所示。

第2步 进入欢迎页面，选中所有条款，并点击"同意"按钮，如图11-2所示。

第3步 输入手机号码并勾选下方条款，点击"获取验证码"按钮，以便完成登录操作，如图11-3所示。

图 11-1　打开星火语伴 App

图 11-2　欢迎页面

图 11-3　点击"获取验证码"按钮

第4步 ▶ 完成拼图验证，如图11-4所示。

第5步 ▶ 录入验证码，成功登录后，默认进入对话界面，显示英文语音播报并同步显示中英文文字，如图11-5所示。

图 11-4　完成拼图验证

图 11-5　对话界面

11.1.3　对话功能

星火语伴的对话功能是建立在英语虚拟语伴Catherine基础之上的，Catherine是一位基于人工智能技术的聊天机器人，能够与用户进行自然语言对话，这一功能旨在帮助用户提高口语水平和语言表达能力，使学习外语成为一种愉快的体验。通过与Catherine交流，用户可以在放松的氛围中积极学习和掌握外语技能。现在，让我们深入探索对话功能的细节。

第1步 ▶ 在对话界面中，用户选择教育背景后，界面如图11-6所示。

第2步 ▶ 按住麦克风对话按钮 ●，便可直接与Catherine展开交流，在此过程中，用户的对话内容将同时以中英文文字形式呈现，并且用户能获得发音的实时评分，如图11-7所示。

第3步 ▶ 点击图11-7的"语法纠错"按钮，系统提示"语法检查"，智能识别用户对话中的语法错误，同时提供准确的答案供用户参考，这有助于用户在交流过程中及时纠正自己的语法，如图11-8所示。

图 11-6　选择学历　　　图 11-7　与 Catherine 展开交流　　　图 11-8　语法纠错

第4步 ▶　点击"发音评测"按钮，进入发音评测界面，如图 11-9 所示。

第5步 ▶　点击图 11-9 中的"标准"按钮，听取该句话的标准发音，点击"我的"按钮，听取自己的发音，并将其与标准发音进行对比，如果不满意自己的发音，可以点击下方的麦克风图标重新录制，录制界面如图 11-10 所示。

第6步 ▶　重新录制的发音也会得到实时评分，有助于用户更好地了解自己的发音准确度和改进空间，如图 11-11 所示。

图 11-9　发音评测界面　　　图 11-10　录制界面　　　图 11-11　实时评分

第7步 ▶ 返回对话主界面，点击左下方的"Talk"图标后，在下方弹出的菜单中点击"话题讨论"按钮，如图11-12所示。

第8步 ▶ 系统提供了数个话题，选择一个感兴趣的话题与Catherine交流，如图11-13所示。

第9步 ▶ 针对选中的话题，与Catherine展开对话交流，如图11-14所示。

图 11-12　点击"话题讨论"按钮　　图 11-13　选择话题　　图 11-14　展开对话交流

第10步 ▶ 返回对话主界面，点击左下方的"Talk"图标，在弹出的菜单中点击"视频通话"按钮，如图11-15所示。

第11步 ▶ 进入视频通话呼叫界面，如图11-16所示。

图 11-15　点击
"视频通话"按钮

图 11-16　视频通话
呼叫界面

第12步 ▶ Catherine 发起视频对话，同时界面上显示对话的英文内容，点击右下方"点击说话"按钮，便可与 Catherine 对话，点击左下方的"挂断"按钮，便可结束对话，如图 11-17 所示。

第13步 ▶ 返回对话主界面，点击左下方的"Talk"图标，在弹出的菜单中点击"情景对话"按钮，如图 11-18 所示。

第14步 ▶ 用户既可以选择系统内设的情景，也可以通过"拍照片"或"拍文档"功能自定义情景，如图 11-19 所示。

第15步 ▶ 选中情景后，与 Catherine 进行对话交流，如图 11-20 所示。

图 11-17　视频通话界面

图 11-18　点击"情景对话"按钮

图 11-19　选择场景

图 11-20　情景对话界面

11.1.4　模考功能

星火语伴的模考功能提供英语口语模拟考试，它涵盖大学英语四六级、托福、雅思等多种英语口语考试题库，该功能致力于让用户在仿真的考试环境中熟悉各种题型和流程，同时通过实时反馈的答题建议和解析，有效提升用户的应考能力。

用户完成模拟考试后，将得到一份详尽的成绩报告。该报告不仅涵盖了在不同考试部分的表现分析，还指出了用户的薄弱环节，从而帮助用户针对性地改进，为真正的考试环境做好充分准备。通过星火语伴的模考体验，用户可以深入掌握英语考试的各项要求，全面提升自己的英语能力。接下来，我们将通过实际操作来体验模考功能。

第1步 ▶ 在对话界面中点击"模考"按钮，然后选择"全国大学英语四级口语考试双人讨论"选项，进入模拟考试，如图11-21所示。

第2步 ▶ 界面提供了详尽的考试介绍，以便用户对该考试有清晰的了解，当用户准备完毕，并希望开始考试时，可以点击"开始考试"按钮，如图11-22所示。

图11-21　选择"全国大学英语四级口语考试双人讨论"选项

图11-22　点击"开始考试"按钮

第3步 ▶ 界面显示考试须知，以便用户在参加考试前充分了解所有必要的规则和程序，如图11-23所示。

第4步 ▶ 用户将自动进入对话流程，界面出现虚拟伙伴在线陪考。同时，顶部显示倒计时，以帮助用户掌握时间，底部显示英语对话内容，供用户参考自己的发言是否被正确理解和记录。点击"开始回答"按钮，即可进入用户作答的环节，如图11-24所示。

第5步 ▶ 针对虚拟伙伴的提问，用户可以进行英语口语作答，界面提供1分钟倒计时提示，作答完成后，用户可以点击界面右下方的对钩按钮，发送语音作答，如图11-25所示。

图 11-23　考试须知　　　图 11-24　用户作答　　　图 11-25　发送语音作答

第6步 ▶ 口语模拟考试结束后，系统自动生成模考报告，包括成绩、能力分布、维度评价等内容，模考报告给出了对用户口语能力的全面评估，帮助用户了解自己的优势和不足，并提供指导和建议，如图 11-26 所示。

第7步 ▶ 系统还可自动生成作答详情，允许用户重听自己的语音回答并查阅作答的文字记录，从而对自己的发音和语言表达进行自我评估，如图 11-27 所示。此外，系统提供了优秀作答样本，使用户能够对照审视自己的作答，明确自身的不足之处，并发现潜在的改进空间，如图 11-28 所示。

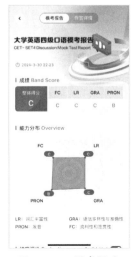

图 11-26　模考报告　　　图 11-27　作答详情　　　图 11-28　优秀作答样本

11.1.5 发现功能

星火语伴发现功能中包含专属口语提升计划、获取 AI 语伴体验包、翻译助手、作文批改等功能。通过专属口语提升计划，用户可以获得定制化的学习内容和练习，专注于提高口语流利度和准确度。AI 语伴体验包则让用户能够与虚拟语伴进行互动式学习，模拟真实的对话场景，增强口语实践机会；翻译助手功能支持用户在多种语言间进行无缝切换和即时翻译，无论是学习、工作还是旅行，都能为用户提供强大的语言支持。下面，让我们通过实际操作来体验这些功能。

1. 专属口语提升计划

定制专属口语提升计划的具体操作方法与步骤如下。

第1步 在对话界面中点击"发现"按钮，系统提示"暂无专属口语提升计划"，然后点击"开始制定"按钮，如图 11-29 所示。

第2步 系统提示如图 11-30 所示。

第3步 按照系统显示，选择教育背景和阶段，如图 11-31 所示。

图 11-29　单击"开始制定"按钮　　图 11-30　系统提示　　图 11-31　选择教育背景和阶段

第4步 选择学习内容，如图 11-32 所示。

第5步 选择学习目标，如图 11-33 所示。

第6步 选择学习时间，如图 11-34 所示。

图 11-32 选择学习内容

图 11-33 选择学习目标

图 11-34 选择学习时间

第7步 设置完成后，系统自动生成"我的课程"，在"课时 1"处，点击"去完成"按钮，如图 11-35 所示。

第8步 进入与虚拟人 Catherine 的对话界面，如图 11-36 所示。

第9步 点击 11-36 界面下方的麦克风图标，按照系统提示或自行回答，如图 11-37 所示。

图 11-35 我的课程

图 11-36 对话界面

图 11-37 语音回答

第10步 回答完毕后，系统自动对发音进行评测，给出分数，如图 11-38 所示。

第11步 ▶ 点击图11-38中的"语法纠错"按钮，系统显示用户回答中的语法错误，并提供正确的答案，如图11-39所示。

第12步 ▶ 点击图11-39中的"发音评测"后，界面将展示经过语法纠错后的正确语句，并提供标准发音及用户回答的发音，通过比较两种发音的差异，用户可以针对性地练习以便改进发音，如图11-40所示。

图11-38　发音评测　　　　图11-39　语法纠错　　　　图11-40　改进发音

2. 获取 AI 语伴体验包

星火AI语伴体验包是免费推广的一部分，用户可以通过3种方式获取体验包，试用后再根据个人需求选择是否购买会员服务。

第1步 ▶ 当与虚拟人Catherine的对话权益不足时，系统会提示升级会员后才能继续使用对话功能，如图11-41所示。

第2步 ▶ 点击"升级会员"，界面显示会员的所有权益，点击"立即开通"按钮，开通即可，如图11-42所示。

第3步 ▶ 用户若想继续免费体验，则可在发现界面，点击"获取AI语伴体验包"下方的"立即参与"按钮，如图11-43所示。

图11-41　提示升级会员

第4步 ▶ 通过"邀请别人""输入邀请码""添加客服领取权益"这3种方式获得更多的体验权限，如图11-44所示。

图 11-42　开通会员　　　图 11-43　点击"立即　　　图 11-44　体验包的
　　　　　　　　　　　　　　　　　参与"按钮　　　　　　　　3 种获取方式

3. 翻译助手

星火语伴翻译助手提供多语种翻译，支持语音输入、文字输入、图片输入，为用户提供即时、准确的多语言翻译服务。

第1步 ▶ 点击发现界面的"翻译助手"按钮，如图 11-45 所示。

第2步 ▶ 系统提供了 9 个语种与中文互译，用户可根据需要进行选择，如图 11-46 所示。

第3步 ▶ 发送语音、输入文字或发送图片这 3 种方式均可进行翻译，如图 11-47 所示。

图 11-45　点击"翻译助手"按钮　图 11-46　9 个互译语种　　　图 11-47　进行翻译

11.2 iFlyCode

iFlyCode是科大讯飞推出的智能编程助手，旨在提升开发者的编码效率和实现企业的敏捷开发能力。该工具基于讯飞星火认知大模型，具备代码生成、补齐、纠错、解释等功能，可在编程过程中生成代码建议，助力开发者提高编码效率和开发速度。

11.2.1 iFlyCode 简介

iFlyCode智能编程助手基于讯飞星火认知大模型，支持VSCode 、JetBrains系列主流IDE及Python、Java、JavaScript等多种语言。它具有强大的代码处理能力，具备代码生成、代码补齐、代码纠错、代码解释、单元测试生成等关键能力。无论是刚入门的新手还是经验丰富的开发人员，iFlyCode 都可以提供强大的支持，为开发者们提供沉浸式智能编程体验。

11.2.2 申请试用

iFlyCode 的免费试用可以通过下面的操作来进行。

第1步 ▶ 访问 iFlyCode官网，单击"免费试用"按钮，如图11-48所示。

第2步 ▶ 完成注册和登录操作，如图11-49所示。

第3步 ▶ 系统提示获得试用权限的有效期，如图11-50所示。

图 11-48　单击"免费试用"按钮　图 11-49　完成注册和　图 11-50　试用权限的有效期
　　　　　　　　　　　　　　　　登录操作

11.2.3　安装 iFlyCode 插件

要安装 iFlyCode 插件有两种方法，下面介绍通过官网下载安装 iFlyCode 插件的方法，具体操作步骤如下。

第1步 ● 单击"插件下载"按钮，然后选择"Visual Studio Code 插件"选项，如图 11-51 所示。

图 11-51　选择"Visual Studio Code 插件"选项

第2步 ● 在弹出的页面中单击"另存为"按钮，保存下载的插件，如图 11-52 所示。

图 11-52　单击"另存为"按钮

第3步 ● 打开 Visual Studio Code（VSCode），执行"扩展→视图和更多操作→从 VSIX 安装"命令，如图 11-53 所示。

图 11-53　执行"扩展→视图和更多操作→从 VSIX 安装"命令

第4步 ● 插件安装完成后，界面提示"请登录后使用 iFlyCode"，如图 11-54 所示。

图 11-54 界面提示"请登录后使用 iFlyCode"

第5步 ▶ 同意相关协议后，单击左侧的"登录"按钮，弹出对话框提示"是否要 Code 打开外部网站？"，在弹出的对话框中单击"打开"按钮，如图 11-55 所示。

图 11-55 单击"打开"按钮

第6步 ▶ 在打开的页面中完成登录操作，登录界面如图 11-56 所示。

第7步 ▶ 登录完成后，页面显示"插件登录成功，返回编辑器开启沉浸式智能编程之旅吧～"的提示，如图 11-57 所示。

第8步 ▶ 返回 VSCode 界面，侧边栏增加了 iFlyCode 图标 ，显示 iFlyCode 欢迎界面，如图 11-58 所示。

图 11-56 登录界面　　　图 11-57 登录完成

图 11-58 iFlyCode 欢迎界面

11.2.4　代码生成

iFlyCode 提供了多种代码生成功能，支持在编辑器内基于注释和函数名等信息自动生成代码。以注释生成代码为例，编写完成注释后，按回车键即可触发代码建议，使用 Tab 键采纳该代码建议，使用 Esc 键拒绝建议或直接继续编程忽略建议。下面，我们通过例子来体验根据注释生成代码的功能。

第1步 ▶ 在菜单栏中，执行"文件→新建文本文件"命令，新建文本编辑器，如图 11-59 所示。

第2步 ▶ 在新建的文本编辑器页面，单击"选择语言"，如图 11-60 所示。

图 11-59　新建文本编辑器　　　　　图 11-60　单击"选择语言"

第3步 ▶ 根据个人习惯选择编程语言，此处选择"C#"选项，如图 11-61 所示。

第4步 ▶ 在文本编辑器中输入注释内容"// 编写一个程序，在控制台上打印输出 "hello world""，如图 11-61 所示。

图 11-61　选择"C#"选项　　　　　图 11-62　输入注释内容

第5步 ▶ 按回车键后，第 2 行自动生成建议代码"using System;"，此时代码颜色为灰色，如图 11-63 所示。

第6步 ▶ 按 Tab 键，采纳该建议代码，此时代码颜色变为彩色，如图 11-64 所示。

图 11-63　生成建议代码

图 11-64　采纳该建议代码

第7步 ▶ 如此重复，最后得到完整代码，如代码11-1、图11-65所示。

图 11-65　完整代码

⊞ 代码 11-1　打印 hello world

```
using System;
class Program
{
    static void Main(string[] args)
    {
        Console.WriteLine("hello world");
    }
}
```

系统自动生成相关代码，从 using 命名空间开始到 Main 方法结束，实现了打印 "hello world" 的功能。

11.2.5　代码补齐

iFlyCode 提供了代码补齐功能，能够根据注释、函数名等信息，自动生成代码建议，帮助快速补齐代码。iFlyCode 的代码补全功能不仅可以补全变量名、函数名、关键字等，还可以补全复杂的代码逻辑，如循环、条件、异常处理等。与代码生成相同，在编辑器中使用Tab键采纳该代码建议，使用Esc键拒绝建议或直接继续编程忽略建议。

在下面的例子中，我们需要一段实现查找数组中最大值的代码，现已有部分代码11-2，使用iFlyCode代码补齐功能后，生成完整代码11-3，具体操作步骤如下。

田 代码 11-2　需要补齐的代码

```
using System;

class Program
{
    static void Main(string[] args)
    {
        // 假设我们有一个数字数组
        int[] numbers = { 5, 2, 8, 3, 9 };

        // 使用 iFlyCode 来完成找到数组中最大值的代码
        int maxNumber = FindMax(numbers); // iFlyCode补全完成
                                          方法代码

        // 输出最大数
        Console.WriteLine($"最大数是：{maxNumber}");
    }
```

田 代码 11-3　查找数组中最大值的代码

```
using System;

class Program
{
    static void Main(string[] args)
    {
        // 假设我们有一个数字数组
        int[] numbers = { 5, 2, 8, 3, 9 };

        // 使用 iFlyCode 来完成找到数组中最大值的代码
        int maxNumber = FindMax(numbers); // iFlyCode 建议完
                                          成方法名称

        // 输出最大值
        Console.WriteLine($"最大值是：{maxNumber}");
    }

    // 使用 iFlyCode定义一个方法来找到数组中的最大值
    static int FindMax(int[] array)
```

```
{
    int max = array[0]; // 假设第一个元素是最大值

    // 循环遍历数组以找到最大值
    for (int i = 1; i < array.Length; i++)
    {
        // 如果当前元素大于当前最大值，则使用 iFlyCode 补全代码
        更新最大值
        if (array[i] > max)
        {
            max = array[i]; // iFlyCode 建议完成变量名 'max'
        }


        return max;
    }
}
```

第1步 ▶ 单击 iFlyCode 插件图标 🤖，单击展开"CHAT"功能，在对话框中输入需要补齐的代码 11-2，单击"发送"按钮，如图 11-66 所示。

第2步 ▶ 等待 iFlyCode 回复后，单击"插入"按钮，如图 11-67 所示。

图 11-66 输入需要补齐的代码 11-2

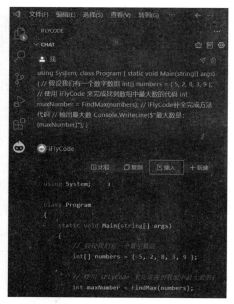

图 11-67 等待 iFlyCode 回复

第3步 ▶ 将 iFlyCode 补齐后的代码插入文本编辑器中，如图 11-68 所示。

```
1    using System;
2
     0 个引用
3    class Program
4    {
         0 个引用
5        static void Main(string[] args)
6        {
7            // 假设我们有一个数字数组
8            int[] numbers = { 5, 2, 8, 3, 9 };
9
10           // 使用 iFlyCode 来完成找到数组中最大值的代码
11           int maxNumber = FindMax(numbers); // iFlyCode 建议完成方法名称
12
13           // 输出最大值
14           Console.WriteLine($"最大值是：{maxNumber}");
15       }
16
         1 个引用
17       static int FindMax(int[] numbers)
18       {
19           int max = numbers[0];
```

图 11-68 插入完整代码

通过 iFlyCode 的补全功能完成了一个查找数组中最大值的任务，并可以将完整的代码插入文本编辑器中。

11.2.6 代码解释

iFlyCode 的代码解释功能允许用户在选中代码段后快速获取清晰的解释和说明。这个功能可以帮助用户理解代码的核心逻辑，特别是涉及复杂的算法或代码库时。用户可以通过选中代码并使用代码解释功能，快速获得对代码思路的说明，从而更好地理解和维护代码。

在 VSCode 编辑器中选中代码 11-4，单击鼠标右键，选择"iFlyCode：代码解释"选项，希望得到对这段代码的解释，如图 11-69 所示。

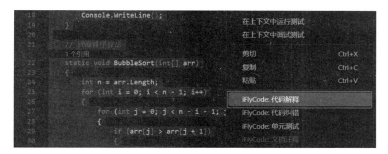

图 11-69 选择"iFlyCode：代码解释"选项

　　左侧界面 iFlyCode 回复代码解释"这段 C# 代码实现了冒泡排序算法，用于对一个整数数组进行升序排序。首先定义了一个整数数组 array，然后调用 BubbleSort 方法对其进行排序。BubbleSort 方法中使用了两个嵌套的 for 循环，外层循环控制排序的轮数，内层循环控制每轮排序中的比较和交换操作。如果当前元素大于下一个元素，则交换它们的位置。最后，使用 foreach 循环输出排序后的数组。"如图 11-70 所示。

图 11-70　代码解释

⊞ 代码 11-4　冒泡排序算法

```csharp
using System;
class Program
{
    static void Main(string[] args)
    {
        int[] array = { 3, 7, 9, 2, 5, 8 };

        // 使用冒泡排序对数组进行排序
        BubbleSort(array);

        // 输出排序后的数组
        Console.WriteLine("排序后的数组：");
        foreach (int num in array)
        {
            Console.Write(num + " ");
        }
        Console.WriteLine();
    }

    // 冒泡排序算法
    static void BubbleSort(int[] arr)
    {
        int n = arr.Length;
        for (int i = 0; i < n - 1; i++)
        {
            for (int j = 0; j < n - i - 1; j++)
            {
```

```
if (arr[j] > arr[j + 1])
{
    // 交换元素
    int temp = arr[j];
    arr[j] = arr[j + 1];
    arr[j + 1] = temp; // iFlyCode 建议完成变
                                量名 'temp'
    }
  }
 }
}
```

iFlyCode 详细解释了冒泡排序算法的实现原理，包括排序过程和关键步骤，使用户能更好地理解和维护代码。

11.2.7　代码纠错

iFlyCode 具备出色的代码纠错功能，能够帮助用户识别并纠正各种错误，包括拼写、语法和逻辑错误，它能够精准定位到代码中的错误，并提供针对性的纠正建议，帮助用户改善代码质量和提升效率。

在 VSCode 编辑器中选中代码 11-5，单击鼠标右键，选择"iFlyCode：代码纠错"选项，如图 11-71 所示。

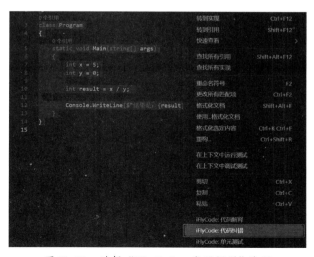

图 11-71　选择"iFlyCode：代码纠错"选项

左侧界面iFlyCode回复代码纠错内容"是的，这段代码在运行时会报错。错误原因是除数为0，这在任何编程语言中都是不允许的，因为结果是未定义的。"并给出了纠错后的代码11-6，代码纠错如图11-72所示。

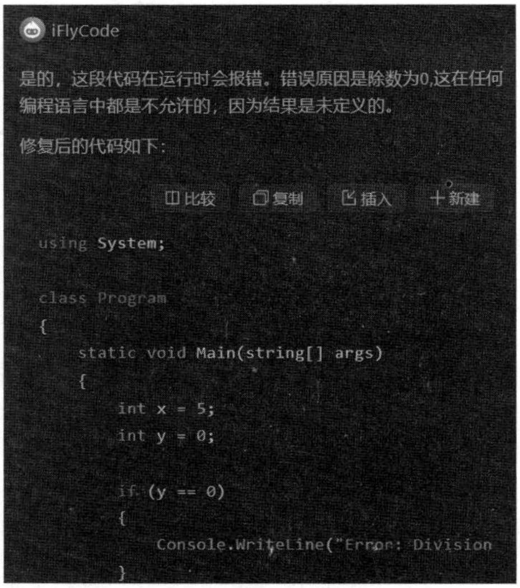

图 11-72　代码纠错

⊞ 代码 11-5　纠错前的代码

```
using System;

class Program
{
    static void Main(string[] args)
    {
        int x = 5;
        int y = 0;

        int result = x / y;

        Console.WriteLine($"结果是: {result}");
    }
}
```

⊞ 代码 11-6　纠错后的代码

```
using System;
```

```
class Program
{
    static void Main(string[] args)
    {
        int x = 5;
        int y = 0;

        if (y == 0)
        {
            Console.WriteLine("Error: Division by zero is
                not allowed.");
        }
        else
        {
            int result = x / y;
            Console.WriteLine($"结果是: {result}");
        }
    }
}
```

iFlyCode的代码纠错功能通过精准识别并提供针对性的纠正建议，帮助用户改善代码质量和提升效率。在本例中，该功能精准定位了除数为零的错误，并给出了相应的修改建议，避免了运行时报错，提高了代码的健壮性和可靠性。

11.2.8 单元测试

编写单元测试是保证代码质量的重要一环，iFlyCode提供了单元测试功能，可以帮助开发人员编写和运行单元测试来验证其代码的正确性和可靠性，提高了开发效率和代码质量。

下面我们对代码11-7进行单元测试，主要验证Add方法是否正确。在VSCode编辑器中选中代码11-7，单击鼠标右键，选择"iFlyCode：单元测试"选项，如图11-73所示。

⊞ 代码 11-7 被测试代码

```
public class Calculator
{
```

```
public int Add(int a, int b)
{
    return a + b;
}
}
```

左侧界面 iFlyCode 回复单元测试代码 11-8，单元测试如图 11-74 所示。

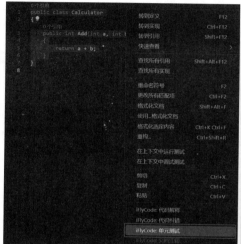

图 11-73　选择"iFlyCode：单元测试"选项

图 11-74　单元测试

Ⓗ 代码 11-8　单元测试代码

```
using NUnit.Framework;
using System;

[TestFixture]
public class CalculatorTests
{
    private Calculator _calculator;

    [SetUp]
    public void SetUp()
    {
        _calculator = new Calculator();
    }
```

```
[Test]
public void Add_PositiveNumbers_ReturnsCorrectResult()
{
    int result = _calculator.Add(2, 3);
    Assert.AreEqual(5, result);
}


[Test]
public void Add_NegativeNumbers_ReturnsCorrectResult()
{
    int result = _calculator.Add(-2, -3);
    Assert.AreEqual(-5, result);
}


[Test]
public void Add_ZeroAndNonZero_ReturnsCorrectResult()
{
    int result = _calculator.Add(0, 3);
    Assert.AreEqual(3, result);
}


[Test]
public void Add_ZeroAndZero_ReturnsCorrectResult()
{
    int result = _calculator.Add(0, 0);
    Assert.AreEqual(0, result);
}


[Test]
public void Add_NullAndNonNull_ReturnsCorrectResult()
{
    int? nullableInt = null;
    int result = _calculator.Add(nullableInt, 3);
    Assert.AreEqual(3, result);
}


[Test]
public void Add_NullAndNull_ThrowsArgumentNullException()
```

```
    {
        Assert.Throws<ArgumentNullException>(() =>
            _calculator.Add(null, null));
    }

    [Test]
    public void Add_NegativeNumbersWithNegativeBound_
        ReturnsCorrectResult()
    {
        int result = _calculator.Add(int.MinValue, int.
            MaxValue);
        Assert.AreEqual(int.MinValue + int.MaxValue,
            result);
    }

    [Test]
    public void Add_PositiveNumbersWithPositiveBound_
        ReturnsCorrectResult()
    {
        int result = _calculator.Add(int.MinValue, int.
            MaxValue);
        Assert.AreEqual(int.MinValue + int.MaxValue,
            result);
    }

    [Test]
    public void Add_NegativeNumbersWithPositiveBound_
        ThrowsArgumentOutOfRangeException()
    {
        Assert.Throws<ArgumentOutOfRangeException>(() =>
            _calculator.Add(int.MinValue, 1));
    }

    [Test]
    public void Add_PositiveNumbersWithNegativeBound_Throws
        ArgumentOutOfRangeException()
    {
        Assert.Throws<ArgumentOutOfRangeException>(() =>
```

```
        _calculator.Add(1, int.MaxValue));
    }
}
```

iFlyCode 自动生成针对 Add 方法的测试代码，覆盖了正数、负数、零以及边界值等情况，以确保代码的正确性和可靠性，为开发人员提高代码质量和开发效率提供了便利。

11.2.9　智能问答

iFlyCode 还提供了智能问答功能，允许用户获取与代码相关的专业知识和信息。用户通过选中代码后提问或进行对话式自由问答的方式，即可解决编程过程中的疑惑，提高编程效率，特别是在面对复杂问题或技术难题时，智能问答功能可以提供及时且准确的帮助，为用户提供编程过程中的智能支持。

针对 11.2.8 小节中单元测试提出问题："对单元测试的代码进行解释。"

iFlyCode 的回答如下。

这段代码定义了一个名为 Calculator 的类，其中包含一个名为 Add 的方法。该方法接收两个整数参数 a 和 b，并返回它们的和。

单元测试通常用于验证代码是否按预期工作。在这个例子中，我们可以使用 C# 中的 NUnit 框架来编写单元测试。以下是一个简单的测试用例。

```
using NUnit.Framework;

[TestFixture]
public class CalculatorTests
{
    private Calculator _calculator;

    [SetUp]
    public void SetUp()
    {
        _calculator = new Calculator();
    }

    [Test]
    public void TestAdd()
```

```
    {
            int result = _calculator.Add(2, 3);
            Assert.AreEqual(5, result);
    }
}
```

在这个测试用例中，我们首先创建了一个 Calculator 类的实例，然后使用 TestAdd 方法来测试 Add 方法。我们将 a 和 b 分别设置为 2 和 3，并检查 Add 方法的返回值是否等于 5。如果返回值正确，则测试通过。

这段回答对单元测试的代码进行了准确且清晰的解释，说明了代码中的类和方法的作用，并提供了一个简单的测试用例来说明如何使用单元测试来验证代码的正确性。这样的智能问答功能有助于提高编程效率，特别是在解决技术问题时为用户提供了及时的帮助。

11.3 讯飞智作

讯飞智作是科大讯飞旗下的一站式智能配音服务平台，提供多项服务，包括 AI 文字转语音、语音合成、智能配音、AI 虚拟主播等，旨在赋能内容生产者进行高效音视频创作。

11.3.1 讯飞智作简介

讯飞智作是科大讯飞推出的一款基于人工智能技术的智能配音产品，它主要通过深度学习和自然语言处理技术，为用户提供高品质的智能配音体验。讯飞智作依赖科大讯飞自主研发的深度学习算法，通过对大量数据进行分析和学习，使合成的配音更加自然流畅，语音表情也更丰富。讯飞智作能够识别讲话者的情感和语调，并据此合成更准确的语音内容。这对于提高配音的自然度和表现力至关重要。这项技术在多个领域都有广泛的应用前景，在娱乐领域，可以为影视作品、游戏等提供配音；在商业领域，如广告制作，能提供更具吸引力的配音服务；在教育领域，帮助用户制作专业的教学视频，提升教学质量。讯飞智作不仅展现了科大讯飞在人工智能领域的实力，而且为各行各业提供了高效、高质量的智能配音解决方案。

11.3.2　平台指引

讯飞智作是科大讯飞推出的一款集成了多种智能创作工具的平台，旨在帮助用户轻松制作出高质量的音频、视频和动画内容。以下是使用讯飞智作平台的步骤。

第1步 ▶ 访问讯飞智作官网，单击"登录注册"按钮，完成账号注册及登录操作，如图 11-75 所示。

第2步 ▶ 系统提供了三种登录方式，选择其中一种登录方式即可，如图 11-76 所示。

图 11-75　单击"登录注册"按钮

图 11-76　登录界面

11.3.3　AI+ 音频：讯飞配音

讯飞配音是讯飞智作的一项服务，基于科大讯飞强大的语音合成引擎，能够模拟真人的发音和语调，为用户提供多种语音选项和丰富的语言表达。目前支持电脑端和手机端，用户仅需输入需要配音的文本，平台即可迅速将文字转换成自然流畅的语音，并支持导出。讯飞配音的合成配音服务具有多种音色选择，能够满足不同用户的需求。此外，讯飞智作还提供了真人配音选项，使配音效果更加生动，贴近真人发声。讯飞配音功能广泛应用于各种场景，如视频旁白、有声读物制作、公共广播、语音提示和导航等。这项功能不仅为内容创作者提供了便利，也为视障人士等特殊群体提供了获取信息的新途径。通过讯飞配音，用户可以轻松地将文本信息转化为语音内容，提高信息传播的效率和可达性。

讯飞配音平台提供了丰富的 AI 配音和真人配音服务，以满足不同用户的需求。

1. AI 配音

（1）主播列表。讯飞配音的 AI 配音主播列表为用户提供了多样化的主播选项，确保能够适应各种不同的配音场合。用户可以在 AI 配音界面，单击"主播列表"按钮，从中挑选出最适合其项目需求的声音，AI 配音主播列表界面如图 11-77 所示。主播列表包括以下几种类型。

①普通话主播：提供标准的男声和女声选项，适用于正式场合和通用场景。

②方言主播：提供四川话、东北话、广东话等地方方言，适合地方性宣传和文化节目。

③特色声音主播：提供儿童音、老年音、温柔女声、成熟男声等特色声音，适用于特定的角色配音或情感表达。

④外语主播：支持英语、日语、韩语等多种外语配音，满足国际化内容的配音需求。

⑤行业特定主播：提供教育、科技、医疗等行业的专业配音，以适应特定行业的内容风格。

讯飞配音的 AI 配音主播列表涵盖了从普通话到多种外语及地方方言，从特色声音到行业专业声音的广泛选项，满足了用户在各种不同场合下的配音需求。

图 11-77　AI 配音主播列表界面

（2）立即制作。用户只需遵循以下几个简洁的操作步骤，便能迅速完成配音过程。在 AI 配音界面，单击"立即制作"按钮，即可激活讯飞配音的强大 AI 配音功能，轻松将文本转化为生动的语音，操作界面如图 11-78 所示。

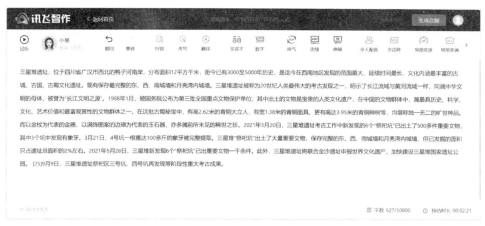

图 11-78　操作界面

第1步 ▶ 选择 AI 主播。登录讯飞智作，单击"讯飞配音→AI 配音→立即制作"按钮，用户可以根据自己的需求和偏好，从 AI 主播列表中选择一个合适的声音。

第2步 ▶ 输入文本。选择了 AI 主播之后，用户在文本框中输入或粘贴希望转换成语音的文本。这些文本可以是任何形式的书面内容，如广告文案、教育材料、新闻稿件等。

第3步 ▶ 调整设置。在文本输入完成后，用户可以对语音进行细致的调整，具体包括以下参数。

- 语速调整：根据内容的多少和听众的需求，调整语音的播放速度。
- 语调调整：改变语音的高低起伏，以适应不同的语境和表达不同的情感。
- 音量调整：确保语音的音量适中，既清晰可听，又不会过大或过小。
- 背景音乐和特效声音：为配音添加背景音乐或特效声音，以增强情感表达和吸引力。
- 多音字读音设置：针对中文中的多音字，用户可以指定正确的读音，确保信息传达的准确性。
- 语音分段：在长文本中设置适当的停顿或间隔，使语音输出更自然、易于理解。
- 情感设置：选择不同的情感模式，让 AI 主播以相应的情感色彩来表达文本内容。

第4步 ▶ 试听效果。调整好所有设置后，用户可以单击"试听"按钮试听 AI

主播配音效果，确认语音是否符合预期，以及是否需要进一步调整。

第5步▶ 立即制作。如果用户对试听的效果满意，可以单击"立即制作"按钮，讯飞配音即可将文本内容转换成语音，并生成音频文件。

第6步▶ 导出和分享。制作完成后，用户可以下载或分享生成的音频文件。讯飞配音支持多种常见的音频格式，如MP3、WAV等，方便用户在不同的设备和平台上使用。

第7步▶ 后续操作。如果用户对生成的音频不满意，可以返回之前的步骤进行修改和重新试听。讯飞配音提供了灵活的操作界面，使用户可以轻松地进行调整，直到达到满意的效果。

通过以上步骤，用户可以轻松地利用讯飞配音的AI配音功能，将文本内容快速转换为高质量的语音输出，满足各种配音需求。

2. 真人配音

（1）主播列表。讯飞配音的真人配音服务为用户提供了丰富的主播资源，确保能够满足多样化的配音需求。在真人配音界面，用户可以通过单击"主播列表"按钮，浏览并选择最适合其项目需求的声音，如图11-79所示。

图 11-79　真人配音主播列表

真人配音主播列表包括以下几种类型。

①央视及省级专业主播：具有在央视和省级电视台的工作经验，声音质感非常适合用于正式场合和高品质的宣传片。

②广告配音专家：专注于广告行业的配音艺术家，能够准确把握广告语的节奏和情感，适合商业广告和宣传视频。

③纪录片与专题片主播：声音沉稳、富有感染力，非常适合纪录片和专题片的配音。

④外语主播：除了中文主播，讯飞配音还提供英语等外语的真人配音服务，满足国际化的内容需求。

⑤特定风格主播：具有特定风格的声音，如激情激励、轻松幽默、沉稳权威等，适用于各种特定的内容和活动。

讯飞配音的真人配音主播列表涵盖了从专业主播到特定风格主播的广泛选项，确保用户可以根据自己的项目需求找到最合适的声音。

（2）立即制作。使用讯飞配音的真人配音服务，用户可以迅速完成配音任务。在真人配音界面，单击"立即制作"按钮，即可激活专业的配音流程，用户可以与真人专业配音艺术家合作，将文本内容转化为生动且富有感染力的语音，操作界面如图 11-80 所示。

第1步 ▶ 选择真人主播。登录讯飞智作，单击"讯飞配音→真人配音→立即制作"按钮，用户可以在真人主播列表中根据自己的项目需求和偏好，同时考虑主播的声音特色、专业领域以及用户评价等因素，挑选合适的专业配音艺术家。

第2步 ▶ 提交配音任务。选择好主播后，用户需要在文本框中输入要转换成语音的文本内容，如广告文案、教育材料、新闻稿件等。

第3步 ▶ 备注配音要求。用户备注对配音的具体要求，包括语速、语调、情感表达、背景音乐等，帮助配音主播准确地理解需求，制作出更加贴合预期的配音作品。

第4步 ▶ 提交配音任务。确认所有信息无误后，用户提交配音任务，并根据所选服务完成支付流程。

第5步 ▶ 接收并审核配音文件。主播完成任务后，用户将收到通知。用户可以下载并审核配音文件，确保其满足预期效果。

第6步 ▶ 反馈与调整。如果用户对配音结果有不满意之处，可以向主播提供反馈，并请求进行必要的调整，直至满意为止。

第7步 ▶ 最终确认与使用。用户对配音结果满意后，可以进行最终确认，并开始将配音文件应用于相应的项目中。

通过以上步骤，用户可以便捷地利用讯飞配音的真人配音服务，获得专业品质的配音效果。

图 11-80　操作界面

（3）立即入驻。讯飞配音为专业配音艺术家提供了便捷的入驻通道，拥有配音才华的主播可申请加入讯飞配音的真人配音团队，为来自世界各地的用户提供高质量的配音服务。在真人配音界面单击"立即入驻"按钮，按提示步骤完成申请即可，如图 11-81 所示。

图 11-81　入驻申请

11.3.4　AI+ 视频：AI 虚拟主播

讯飞智作提供的 AI 虚拟主播服务，利用人工智能技术，结合虚拟形象和语音合成技术，塑造出能够在视频、音频等媒体上表现的虚拟主播形象。用户可以定制虚拟主播的外貌、声音、语言风格等，满足特定需求。其特点包括高度逼真、多语言支持、个性化定制、智能互动、灵活应用、节省成本、快速生成、易于操作等。讯飞智作 AI 虚拟主播是一个高效、多功能的视频内容创作工具，为用户提供了定制化、高效的解决方案，有望在未来更多领域发挥作用。

1. 虚拟人视频【纯净版】

讯飞智作提供了虚拟人视频【纯净版】功能，用于创建虚拟人视频。在纯净版中，用户可以享受一键式的虚拟人视频制作体验，无须复杂的操作流程，即可快速、轻松地生成虚拟人视频内容。这个功能旨在为用户提供一个高效、简单的创作工具，帮助他们在视频内容创作领域实现更多可能性。该功能的操作界面如图 11-82 所示。

图 11-82　虚拟人视频【纯净版】操作界面

第1步 ► 登录讯飞智作，单击"AI 虚拟主播→虚拟人视频【纯净版】"按钮。

第2步 ► 购买智作普通会员或智作尊享会员以开通制作视频的权限。

第3步 ► 设置视频尺寸、分辨率、视频质量、是否添加字幕、是否显示 AI 标志等参数。

第4步 ► 输入需要播报的文本，可以使用 AI 帮写功能或直接导入文件。光标在文本中可以插入停顿、连续或换气标记，将光标定位在文本前，可选择需要的虚拟人动作。

第5步 ► 根据需求在性别、姿势、形象分类中选择合适的虚拟人。

第6步 ► 设置播报声音，根据年龄、领域、风格、语种来选择合适的主播声音，并设置语速、语调、音量等参数。

第7步 ► 可以直接使用系统提供的场景模板，或自行设置背景排版及前景图片。

第8步 ► 调整字幕的字体、字号、颜色及位置。

第9步 ► 完成以上操作后，单击"预览"按钮，预览无误后，单击"生成视频"按钮即可。

通过以上步骤，用户可以轻松地使用讯飞智作虚拟人视频【纯净版】功能，创建出既专业又具有吸引力的视频内容。这项服务特别适合需要快速制作讲解视频、教学视频或宣传视频的用户。

2. 虚拟人视频【专业版】

讯飞智作还提供了虚拟人视频【专业版】，它综合了多轨道的视频剪辑工具，使用户能够进行更为复杂和精细的视频编辑操作。相较于纯净版，专业版提供了更多创作可能性和灵活性，让用户能够更加灵活地进行视频内容的创作和编辑，操作界面如图 11-83 所示。

图 11-83　虚拟人视频【专业版】操作界面

第1步　登录讯飞智作，单击"AI虚拟主播→虚拟人视频【专业版】"按钮。

第2步　购买智作普通会员或智作尊享会员，开通制作视频的权限。

第3步　在"我的素材"栏中，上传本地图片素材。

第4步　根据需求在性别、姿势、形象分类中选择虚拟人。

第5步　在图片栏中，选择背景及前景图片。

第6步　设置虚拟主播的配音，根据年龄、领域、风格、语种等条件，选择需要的主播。

第7步　选好配音主播后，进入播报文本的编辑界面。输入需要播报的文本内容，可以使用AI帮写功能来辅助创作，或直接导入已有的文件。光标在文本中可以插入停顿、连续或换气标记。将光标定位在文本前，可以选择需要的虚拟人动作。

第8步　可设置有无字幕或单语、双语字幕，在字幕内容中可以对单条字幕进行设置，在字幕样式中可调整字幕的字体、字号、颜色及位置。

第9步　在音乐栏可以选择背景音乐。讯飞智作提供了彩铃配音、专题宣传、节日祝福、广告促销、童声音乐、短视频等多种类型的音乐。

第10步　为了增加视频的流畅度和观赏性，可以选择画面切换时的转场方式，使视频过渡更加自然。

第11步 ● 选中某条轨道，可以再次对该轨道的内容进行调整。

第12步 ● 完成以上操作后，单击"制作视频"按钮，在弹出的对话框中进行导出设置，包括视频名称、格式、分辨率、视频质量等参数，最后单击"生成视频"按钮即可。

11.3.5　AI+ 创意：AIGC 工具箱

讯飞智作中的 AIGC 工具箱提供了多种智能化的视频创作服务，包括创意视频、AI 后期、推文转视频、Word 转视频及 PPT 转视频，为用户提供了丰富的创作选择和便捷的创作流程。

1. 创意视频

创意视频服务允许用户通过多种智能化的创作方式来制作视频，发挥用户的想象力。用户可以使用各种创意视频模板和编辑工具，快速制作出独特的创意视频内容。该服务适用于各类创意性视频制作，如广告、宣传片、微电影等。

用户完成创意描述、上传图片、视频模板设置、字幕设置、选择虚拟主播或配音后，单击"开始制作"按钮，系统会根据创意描述指令进行 AI 创意文案的生成；然后单击"合成视频"按钮，进行图片素材的匹配和生成；最后单击"制作视频"按钮，一键生成创意视频。系统界面友好，即使是视频制作新手，也能快速上手。创意视频操作界面如图 11-84 所示。

图 11-84　创意视频操作界面

2. AI 后期

AI后期服务专注于视频内容的文案创作和配音环节，借助先进的AI技术，自动生成精准而吸引人的视频文案，并智能匹配适宜的播报语音，从而大大简化了视频编辑的复杂性。即使没有专业的视频编辑技能，用户也能轻松完成视频剪辑的后期工作，有效提升制作效率和内容品质。

用户只需上传标准的16:9格式视频，并填写所需的文案或向AI提供创作指令，选择合适的视频配音主播或描述配音主播需求，系统便会自动匹配相应的主播进行配音。整个过程简便快捷，无须专业技能，用户即可轻松完成该视频的后期文案及配音制作。AI后期操作界面如图11-85所示。

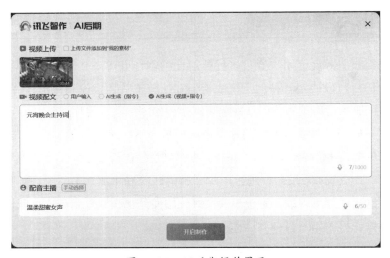

图 11-85　AI后期操作界面

3. 推文转视频

推文转视频服务能将社交媒体上的文本推文转化为视频，实现公众号、视频号等双平台同步宣传，有助于扩大受众范围。该服务适用于快速制作社交媒体短视频和宣传内容等场景。

用户只需输入推文链接或粘贴推文文章，并选择视频模板、字幕风格、视频时长及虚拟主播或配音主播，系统会自动摘要文章内容、匹配图文，并一键生成相应宣传视频。该服务特别适合需要迅速制作并发布社交媒体视频的用户使用。推文转视频操作界面如图11-86所示。

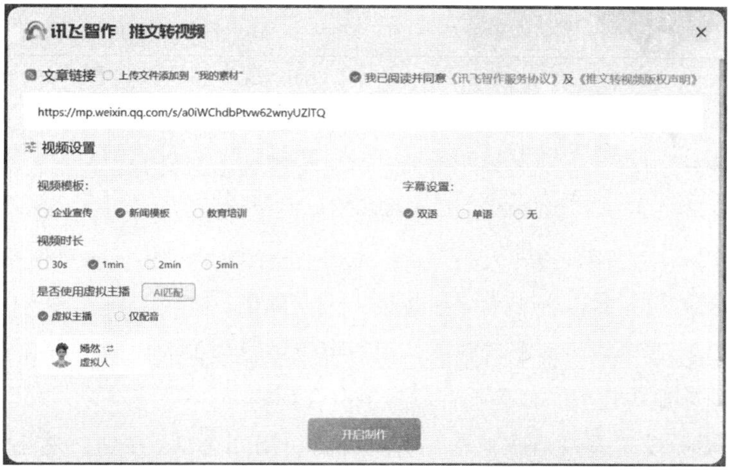

图 11-86　推文转视频操作界面

4. Word 转视频

Word 转视频服务允许用户将 Word 文档内容转换为视频，适用于需要将报告、论文或其他文本资料转化为视觉呈现的场景，如制作教学视频、企业介绍视频等。

用户仅需导入 Word 文件，并上传图片或选择 AI 生图功能，AI 会根据图文特征自动生成视频脚本，完成视频时长、模板、虚拟主播或配音主播的设置，单击"开始制作"按钮，便可实现 Word 一键转视频。通过这一流程，用户可以轻松将 Word 文档内容转化为视频，实现更具吸引力和效果的展示。Word 转视频操作界面如图 11-87 所示。

图 11-87　Word 转视频操作界面

5. PPT 转视频

PPT转视频服务允许用户将PowerPoint演示文稿转换成视频，便于在更广泛的场合展示演示内容，如在线会议、教育培训等。

第1步 ▶ 用户首先导入PPT文件，再进行视频参数设置，包括视频尺寸、分辨率、质量等。此外，用户还可以选择是否显示字幕以及是否显示AI标识。

第2步 ▶ 用户输入或导入需要虚拟主播播报的文本内容，也可使用AI帮写功能生成文本内容，并设置文本播报效果，包括停顿、连续、换气等，以及动作模式、语种选择等参数。在此基础上，用户可以进行虚拟人、播报声音、模块、背景、前景、字幕等设置，以确保视频效果符合预期。

第3步 ▶ 设置完成后，单击"当前页面应用到全部"按钮，然后预览视频。预览无误后，单击"生成视频"按钮即可完成转换。

通过以上步骤，用户可以轻松将PPT内容转换为视频，方便在各种场合展示。PPT转视频操作界面如图11-88所示。

图11-88　PPT转视频操作界面

专家点拨

技巧 01：讯飞 AI+ 医疗

"讯飞AI+医疗"是指科大讯飞将人工智能技术应用于医疗行业的战略。这一战略涵盖了智能医疗助理、电子病历系统、智能诊断等多个领域，旨在提升医疗服务效率和质量，同时改善医患沟通关系。该平台提供的智能医疗助理、智慧医院等服务，为用户提供了全过程便捷智能就医服务，同时也为医护人员提供了辅助工具和服务。

技巧 02：讯飞 AI+ 汽车

"讯飞AI+汽车"是科大讯飞在汽车行业应用人工智能技术的战略。这一战略涵盖多个领域，包括智能驾驶、车载语音助手、智能交互系统等。科大讯飞在重庆建立的"AI+汽车生态产业加速中心"，旨在推动人工智能与汽车产业的融合发展，并计划在5年内引入超过100家汽车生态企业。该中心的目标是提升汽车智能化水平，推动智能汽车产业的快速发展。

技巧 03：讯飞 AI+ 城市

"讯飞AI+城市"是科大讯飞在智慧城市建设领域应用人工智能技术的战略。通过城市超脑等解决方案，科大讯飞利用人工智能和大数据技术汇聚城市的海量数据资源，促进公共服务的便捷化、城市治理精细化以及产业发展数字化，使城市更聪明、更智慧。这一战略涵盖了数字政府、智慧交通、城市治理等多个方面，旨在提升城市生活质量和运行效率。

技巧 04：讯飞 AI+ 教育

"讯飞AI+教育"是科大讯飞在教育领域利用人工智能技术，推动教育数字化转型和创新的重要方向。通过智能教育平台、AI教具、在线教育解决方案等，讯飞AI助力教学个性化、教学教研精准化，以及教育评价多元化。讯飞AI提供了多种教育解决方案，如讯飞AI课堂和FiF智慧教学平台，致力于提升教学效率和教学质量。

技巧 05：讯飞 AI+ 工业

"讯飞AI+工业"是科大讯飞在工业领域应用人工智能技术，推动工业智能化转型和创新的重要方向。讯飞AI提供工业智能传感仪器产品、AI工业互联网平台等，致力于解决设备管理、安全检测、生产调度等问题，助力行业安全高效生产。该平台包含智能语音、工业视觉等功能，方便工业企业快速形成工业应用。

技巧 06：讯飞 AI+ 金融

"讯飞 AI+金融"是科大讯飞在金融行业应用人工智能技术，助力金融机构数字化转型和创新的战略方向。科大讯飞提供覆盖营销获客、风险控制、客户服务、运营管理等多场景的"AI+金融"解决方案，为金融行业客户量身定制低成本、高性能、高可用性、安全可靠的人工智能服务，助力客户智慧升级。

技巧 07：讯飞 AI+ 运营商

"讯飞 AI+运营商"是科大讯飞与运营商合作，利用人工智能技术为智慧家庭生态和运营商业务提供全方位的智能化解决方案，包括智能家庭服务、数字化业务支持等多维场景的合作。科大讯飞在此领域积极开展创新，比如在全球开发者节上举办 AI+运营商分论坛，探讨运营商数字化转型的新模式。通过智能化技术，科大讯飞帮助运营商提升服务水平，打造智慧家庭生态，提供更智能、更便捷的服务。

本章小结

在本章中，我们全面介绍了科大讯飞推出的三款 AI 产品：星火语伴、iFlyCode 和讯飞智作。通过学习本章内容，读者可以深入了解各个产品的功能特点和使用方法。星火语伴能够帮助用户提升语言能力和扩展知识面；iFlyCode 则为开发者提供了强大的编程支持；讯飞智作能够助力创意作品制作和编辑。通过灵活运用这些智能工具，读者可以显著提高工作和学习的效率，拓宽技能范围，并在各自的领域中取得更高质量的成果。这些产品不仅展示了科大讯飞在人工智能技术应用上的创新和领导力，也为用户带来了实质性的便利和价值。

第12章

信息检索：讯飞星火与信息检索的结合与应用

本章导读

　　本章主要介绍讯飞星火与信息检索的结合与应用。首先，我们将从数据来源和处理方式的不同、语义理解和智能推荐的优势等方面，来探讨讯飞星火与传统搜索引擎的异同。其次，我们还将介绍10个搜索技巧，用于更高效便捷地实现信息检索功能。最后，我们将通过讯飞星火的信息检索应用案例，探讨其在学术研究、商业领域和生活娱乐中的具体应用场景，展示其在信息检索领域的广泛应用和价值。通过本章的学习，我们将更深入地理解讯飞星火如何改变我们获取和处理信息的方式，并学会通过运用这些技巧和案例来提升个人的信息检索能力，从而提高信息获取和处理的效率和质量。

12.1　讯飞星火与传统搜索引擎的区别

　　在科技飞速发展的今天，搜索引擎已经成为我们日常生活中不可或缺的工具。随着人工智能技术的不断进步，AI赋能的搜索引擎正逐渐成为业界潮流。AI大模型以其强大的语义理解和智能推荐能力，为用户提供更加个性化、精准的搜索体验。这种趋势意味着传统搜索引擎需要不断创新和升级，以适应用户需求的变化，同时也为行业带来了更多的竞争与机遇，推动整个行业向着更加智能化、高效化的方向发展。

讯飞星火代表了 AI 赋能搜索引擎的最新发展趋势，与传统搜索引擎相比，它在多个方面有着显著的区别。

12.1.1 数据来源和处理方式的不同

传统搜索引擎的数据来源主要依赖于通过网络爬虫定期从互联网上抓取网页信息及网站所有者通过提交工具向搜索引擎提交网址。处理方式则包括对抓取到的网页进行解析，提取主体内容和关键信息，建立索引以便快速检索，分析用户查询词的意图，并根据相关度对搜索结果进行排序，以最终提供用户所需的准确搜索结果。

讯飞星火作为 AI 赋能的搜索引擎，其数据来源更加广泛和多元。除了互联网上的公开信息，它还能够整合各类专业数据库、学术论文及用户生成的内容等。在处理方式上，讯飞星火通过深度学习和自然语言处理技术对这些数据进行深度理解和分析，提取出更加丰富和准确的信息。与传统搜索引擎不同的是，它不仅基于关键词索引，还进行更深层次的语义理解，从而能够提供更精准和相关的搜索结果。

12.1.2 语义理解和智能推荐的优势

讯飞星火通过采用先进的自然语言处理技术，实现了对用户查询意图的深度理解。能够识别并解析查询语句中的实体、属性和关系，从而提供更加精准和相关的搜索结果。相较于传统搜索引擎对关键词的简单匹配，讯飞星火的语义理解能力无疑大大提高了搜索的准确性和效率。

此外，讯飞星火还具备强大的智能推荐功能。它能够根据用户的历史搜索记录和兴趣爱好，预测并推荐相关信息，帮助用户发现更多有价值的信息。这种智能推荐系统基于用户的历史行为、偏好和实时查询，为用户提供个性化的搜索体验，这是传统搜索引擎难以实现的。

总体而言，讯飞星火通过深度学习和大数据技术，实现了对用户意图和上下文的深度理解，提供了更精准、个性化的推荐和服务，提升了用户的搜索体验。

12.1.3　个性化定制和交互体验的提升

讯飞星火注重个性化定制和交互体验的提升，AI技术使搜索引擎能够根据用户行为和偏好提供个性化服务和体验。它允许用户根据自己的需求进行个性化设置，如调整搜索结果的排序方式、过滤掉不感兴趣的内容等。

同时，讯飞星火还提供了丰富的交互功能，如语音输入、图像搜索等，使用户可以更方便地进行搜索操作。这些个性化定制和交互体验的提升，使用户在使用讯飞星火时感到更加舒适和高效，进一步提升了搜索引擎的智能化水平和用户体验质量。

12.1.4　技术挑战和发展趋势的比较

讯飞星火作为一款前沿的AI搜索引擎，在语义理解、智能推荐等方面展现出了强大的技术优势。然而，它仍然面临着一系列技术挑战。

（1）精准解读用户查询需求：讯飞星火需要更精准地理解和满足用户的复杂查询需求，包括对用户意图、上下文和语义的精准把握。

（2）高效处理大规模数据：讯飞星火必须有效地处理大规模数据以确保快速地搜索响应，这需要高效的数据处理和存储技术。

（3）保护用户隐私和提高算法透明度：随着用户隐私保护意识的增强，讯飞星火搜索引擎需要更好地保护用户数据，并提高算法透明度，使用户能够了解数据如何被使用和分析。

在发展趋势方面，讯飞星火可以从以下几个方面进行创新和发展。

（1）跨模态搜索：讯飞星火可以尝试将文本、图像、音频等多种信息融合的技术，为用户提供更丰富、更直观的搜索体验。

（2）个性化推荐：通过深入挖掘用户的兴趣和行为数据，讯飞星火为用户提供更加个性化的搜索结果和推荐内容，提高用户的满意度和黏性。

（3）语音搜索：讯飞星火应加大对语音搜索技术的研发投入，提高语音识别和理解的准确性，为用户提供更便捷的搜索方式。

（4）社交搜索：结合社交网络的信息，为用户提供更加社会化的搜索结果，让用户在搜索过程中获得更多有价值的人际互动和信息分享。

12.2 10 个高效搜索技巧

在信息爆炸的时代，掌握高效的搜索技巧对于快速准确地找到所需信息至关重要。通过运用搜索技巧，用户能够更有效地利用搜索引擎。下面，我们通过 10 个搜索技巧来展示如何在使用搜索引擎时，实现更高效的信息检索。这些技巧涵盖了从关键词优化到结合多个搜索引擎进行综合搜索的多个方面，旨在帮助用户快速准确地找到所需信息，提高搜索效率和结果的质量。当然，随着技术的不断进步，这些技巧也将不断演化，以适应不断变化的信息检索需求。

12.2.1 关键词优化

关键词优化是提高搜索引擎检索效果的关键。以下是一些优化技巧及示例说明。

（1）关键词要明确具体：使用具体词汇代替宽泛词汇，以缩小搜索范围并提高结果的相关性。例如，如果你想了解特定的健康饮食信息，使用"膳食纤维含量高的食物"代替"食物"。

（2）使用同义词：为了全面覆盖相关内容，可以加入与主要关键词相关的同义词。例如，搜索"节能家用电器"时，可以加入"能效""高效"等词汇。

（3）短语匹配：用引号将短语括起来进行精确匹配，确保搜索结果中包含完整的短语。例如，搜索"可再生能源"将返回包含这一完整短语的结果。

（4）避免过度优化：不要使用太多关键词，以免导致搜索结果质量下降。例如，搜索"最好的便宜耐用运动鞋"可能会返回大量广告或不相关的产品。

（5）利用搜索引擎建议：在输入关键词时，搜索引擎会提供搜索建议，这些建议可以帮助用户找到更准确的关键词。例如，输入"健康"时，搜索引擎可能会提示输入信息"健康饮食""健康生活方式"等。

（6）分析搜索结果：根据初次搜索返回的结果，调整关键词，进一步改进搜索效果。例如，如果初次搜索"植物养护"得到的结果太广泛，可以添加具体植物名称如"多肉植物养护"。

12.2.2 使用引号精确匹配

使用引号精确匹配是一种搜索技巧，它可以帮助用户在搜索引擎中精准匹配包含特定短语的结果，而不是仅匹配其中的单个关键词。例如，搜索"人工智能发展史"时，搜索引擎会将整个短语作为一个完整的关键词进行匹配，从而返回与该短语完全匹配的结果。这有助于排除不相关或含糊的搜索结果，提高搜索结果的精确度和相关性。如果搜索"华为 手机"（无引号有空格），搜索引擎将返回与"华为"和"手机"两个关键词相关的结果，可能包括华为公司的产品、手机行业的新闻等。但如果你将搜索词改为""华为手机""（有引号无空格），搜索引擎将只返回包含"华为手机"这个短语的结果，从而更加准确地满足你的搜索需求。

使用引号精确匹配的技巧适用于需要查找特定短语或确切表达的情况，帮助用户快速准确地找到所需信息。

12.2.3　使用网站限定符搜索特定网站

使用网站限定符是搜索引擎中的一个高级技巧，它允许用户将搜索结果限定在特定的网站或域名内。例如，用户想从维基百科查找有关"全球变暖"的信息，而不是在全网范围内搜索，可以在搜索引擎中输入查询内容"全球变暖 site：wikipedia.org"，这个查询会告诉搜索引擎只从 wikipedia.org 这个域名下返回与"全球变暖"相关的页面。这样，用户就可以直接访问维基百科上关于这一主题的条目，而无须在大量无关的结果中进行筛选。

使用网站限定符不仅可以提高搜索效率，还可以帮助用户获得更专业或更可信的信息来源。

12.2.4　使用时间限定符搜索特定时间段内的信息

使用时间限定符是搜索引擎中的一个高级功能，它可以帮助用户找到特定时间段内发布的信息。这个功能对于研究最新趋势、获取历史数据或追踪某个话题的发展非常有用。例如，如果用户想了解过去一年内关于"可持续能源"的新闻报道或学术文章，用户可以在搜索引擎中输入查询内容"可持续能源 after：2023"，这个查询会返回在2023年之后发布的与"可持续能源"相关的信息。同样，如果用户想查找某个特定日期之前的信息，可以使用"before："限定符。例如，"气候变化 before：2023"这个查询会返回2023年之前发布的关于"气候变化"的相关信息。

通过使用时间限定符，用户可以更精确地控制搜索结果的时间范围，确保获取到最相关和最新的信息。这对于需要紧跟最新研究、政策变化或市场动态的用户来说尤其重要。

12.2.5 使用逻辑运算符组合搜索条件

使用逻辑运算符可以帮助用户更精确地组合搜索条件，从而更精确地定位信息。逻辑运算符主要包括与（AND）、或（OR）和非（NOT），它们可以用来连接关键词，限定搜索范围，或者排除不相关的搜索结果。

当需要搜索的多个关键词同时出现在搜索结果中时，可以使用与运算符 AND。例如，搜索包含"环保"和"交通工具"的信息，可以输入"环保 AND 交通工具"。使用或（OR）运算符将多个关键词组合在一起，搜索结果将包含其中任何一个关键词。例如，想搜索"电动汽车"或"电动摩托车"，可以输入"电动汽车 OR 电动摩托车"。若想排除某个关键词，可以使用非 NOT 运算符。例如，若想搜索"健康饮食"但不包括"减肥"的信息，可以输入"健康饮食 NOT 减肥"。

通过合理使用这些逻辑运算符，用户可以更精确地定义搜索条件，从而获得更加相关和有用的搜索结果。这种技巧尤其适用于学术研究、市场调研和专业领域的信息检索。

12.2.6 使用通配符进行模糊搜索

在搜索引擎中使用通配符 *（星号）和 ?（问号）进行模糊搜索是一种非常有用的技巧，它允许用户在不确定完整词汇或想要搜索多个具有相似模式的词汇时进行查找。

*（星号）可以用来代表任何单词或短语。如果想查找与"学习"相关的所有类型的资源，可以输入"学习 *"，可能会返回"学习方法""学习技巧""学习策略"等结果。?（问号）通常用作单个字符的占位符，表示用户对某个词的某个部分不确定。例如，可以输入"do?"，将返回包含"dog"或"dot"等结果信息。

使用这些模糊搜索技巧可以增加搜索的灵活性，对于进行广泛的主题研究或探索不同术语和概念时特别有帮助。

12.2.7 查找特定文件类型或格式的信息

在使用搜索引擎时，若想查找特定类型的文件，如 PDF 文档、PPT 演示文稿或 Excel 电子表格，可以使用"filetype："操作符，将搜索结果限定在特定的文件类型上，从而节省大量筛选信息的时间，提高搜索效率。

例如，为了找到"市场营销案例分析"相关的PDF格式的文档，可以在搜索引擎中输入查询语句"市场营销案例分析 filetype：pdf"，这个查询将找到与市场营销相关且文档格式为PDF的文件。同理，如果需要查找关于"环保政策"的PPT演示文稿，可以输入查询语句"环保政策 filetype：ppt"，这个查询将返回与环保政策相关的PPT文件。

通过这种搜索技巧，用户可以更精确地获取所需格式的文件，无论是进行学术研究、准备演讲还是完成工作报告，都能更加高效地利用网络资源。

12.2.8　利用搜索引擎的高级搜索功能

利用搜索引擎的高级搜索功能可以更精确地定位信息，尤其是在需要筛选大量数据以找到特定内容时。以下是一些常见的高级搜索技巧及其应用示例。

（1）使用特定的日期范围：可以使用高级搜索中的日期范围选项。例如，为了研究2010～2023年的股市趋势，可以在高级搜索中设置日期范围为2010～2023年。

（2）限定网站或域名：可以使用高级搜索中的站点限定功能。如果想在哈佛大学的网站上查找有关人工智能的研究论文，可以在高级搜索中输入"site：harvard.edu"。

（3）文件类型筛选：可以使用高级搜索中的文件类型选项。如果想找到关于"可持续能源"的演示文稿，可以在高级搜索中选择只显示PPT文件的结果。

（4）语言过滤：可以使用高级搜索中的语言过滤功能。如果希望找到法文的新闻文章，可以在高级搜索中设置语言为法语。

（5）精确短语匹配：可以在高级搜索中启用精确短语匹配选项。为了找到包含"全球经济衰退"这一确切短语的文章，可以在高级搜索中启用短语匹配功能。

（6）排除特定词汇：可以使用高级搜索中的排除词汇功能。如果想搜索有关"健康饮食"的信息，但不想看与"素食"相关的内容，可以在高级搜索中排除"素食"这个词。

（7）数值范围搜索：可以使用高级搜索中的数值范围选项。如果想找价格在300元到800元之间的电子书阅读器，可以在高级搜索中设置价格范围。

（8）地理位置限定：可以使用高级搜索中的地理位置限定功能。如果想找上海的餐馆评论，可以在高级搜索中设置地理位置为上海。

这些高级搜索技巧可以帮助用户更快地找到所需的信息，并确保搜索结果更加符合需求。不同的搜索引擎可能提供不同的高级搜索选项和界面。

12.2.9 使用搜索引擎的特殊语法和操作符

使用搜索引擎时，掌握一些特殊语法和操作符可以大幅提升搜索的精确度和效率。

（1）使用"intitle："查找标题中的关键词：如果想找到标题中包含特定关键词的网页，可以使用"intitle："操作符。例如，搜索"intitle：减肥方法"将返回标题中包含"减肥方法"的网页。

（2）使用"inurl："搜索URL中的关键词：如果想找到URL中包含某个关键词的网页，可以使用"inurl："操作符。例如，"inurl：健康食谱"将帮助找到URL中包含"健康食谱"的网页。

（3）使用"-"排除关键词：如果希望搜索结果中不包含某个词，可以在该词前加上减号"-"。例如，"苹果-手机"将排除所有关于苹果品牌手机的信息，只返回与苹果这种水果相关的网页。

通过运用这些特殊语法和操作符，可以更精确地定位信息，提高搜索的相关性和效率。这些技巧在进行学术研究、市场调研或日常信息查询时都非常有用。

12.2.10 结合多个搜索引擎进行综合搜索

结合多个搜索引擎进行综合搜索可以提高获取信息的全面性和准确性，具体方法如下。

（1）多搜索引擎同时搜索：使用第三方搜索引擎聚合工具，可以同时在多个搜索引擎中进行搜索。例如，使用搜索引擎聚合工具，如"多吉搜索""搜索集合"等，在 Google、百度、必应等多个搜索引擎中搜索"人工智能"。

（2）比较搜索结果：对于关键信息，可以在不同搜索引擎中进行比较，以确保获取最全面的信息。例如，在 Google 和百度上搜索"全球气候变化数据"，然后比较两个搜索引擎的前几页结果，以获取更全面的数据来源。

（3）专业搜索引擎结合：专业搜索引擎和一般搜索引擎结合使用，以获取更专业的信息。例如，在百度上搜索关于"人工智能"的通用信息，然后在专业学术搜索引擎（如谷歌学术、必应学术）中搜索更深入的学术论文和研究结果。

（4）语言搜索引擎结合：如果需要跨语言搜索，可以结合多个语言搜索引擎来获取更广泛的信息。例如，在百度上搜索中文关键词"人工智能"，然后在谷歌上搜索英文关键词"artificial intelligence"，以获取全球范围内的相关信息。

通过结合多个搜索引擎，可以更全面地了解所需信息，获取最准确、最全面的搜索结果。

12.3 讯飞星火信息检索应用案例

讯飞星火的信息检索功能具有广泛的适用性和实用性。它不仅在学术研究中为学者们提供了深入的资料和数据分析，还在商业领域为企业提供了市场趋势洞察和消费者行为的分析，同时在生活娱乐方面也为个人用户提供了丰富的信息和学习资源。随着人工智能技术的不断进步和完善，讯飞星火及其同类的 AI 技术有望在信息检索、数据分析、个性化推荐等方面发挥更加关键的作用。

12.3.1 在学术研究中的应用

在学术研究领域，讯飞星火可以帮助研究者深入挖掘特定领域的最新进展。例如，研究计算机科学的学者需要查询深度学习在图像识别领域的应用资料。

> 🔟 **输入查询指令：**
>
> 深度学习 图像识别 论文资料

讯飞星火回复：

深度学习在图像识别领域取得了巨大的进展。这里有一些学术资料，可以帮助您了解这个领域的最新发展。

1.《Deep Residual Learning for Image Recognition》（2016 年）：由何恺明、张祥雨、任少卿、孙剑和李飞飞共同撰写，发表于《2016 IEEE Conference on Computer Vision and Pattern Recognition（CVPR）》。论文链接：https://arxiv.org/abs/1512.03385

2.《Densely Connected Convolutional Networks》（2017 年）：由黄高、胡杰和刘威撰写，发表于《2017 IEEE Conference on Computer Vision and Pattern Recognition（CVPR）》。论文链接：https://arxiv.org/abs/1608.06993

3.《EfficientNet: Rethinking Model Scaling for Convolutional Neural

Networks》（2019年）：由Mingxing Tan和Quoc V. Le撰写，发表于《International Conference on Learning Representations》。论文链接：https://arxiv.org/abs/1905.11946

4.《Self-Supervised Learning of Local Image Descriptors》（2020年）：由Hendrik P. Krull，Luc Van Gool和Max Welling撰写，发表于《International Conference on Learning Representations》。论文链接：https://arxiv.org/abs/2006.04836

5.《Swin Transformer: Hierarchical Vision Transformer using Shifted Windows》（2021年）：由Liu, Zeming, et al.撰写，发表于《Proceedings of the IEEE/CVF International Conference on Computer Vision（ICCV）》。论文链接：https://arxiv.org/abs/2103.14030

这些论文涵盖了深度学习在图像识别领域的一些关键技术和方法，包括残差网络、密集连接网络、模型缩放、自监督学习和Transformer等。希望这些资料对您有所帮助！

🔟 可以继续输入查询指令：

深度学习中的卷积神经网络是如何解决图像识别问题的？

讯飞星火回复：

卷积神经网络（CNN）通过一系列层次结构来处理图像数据，这些层次结构包括卷积层、池化层和全连接层。具体解决图像识别问题的步骤如下。

1. 卷积层：这是CNN的核心部分，它通过卷积操作来提取图像的特征。卷积层使用一组滤波器（卷积核）在图像上滑动，以捕获图像的局部特征，如边缘、角点等。每个滤波器会产生一个特征图，多个滤波器则会产生多个特征图，从而构成卷积层的输出。

2. 激活函数：卷积操作之后通常会应用一个非线性激活函数，如ReLU（Rectified Linear Unit），这有助于网络学习复杂的模式。

3. 池化层：池化层位于卷积层之后，用于降低特征图的空间维度，减少计算量，同时保留重要的特征信息。常见的池化操作包括最大池化或平均池化，它们分别提取特征图中的最大值或平均值来代表一个小区域。

4. 全连接层：在多个卷积和池化层之后，全连接层将所有提取到的特征汇总，以进行最终的分类。全连接层的输出会送入一个分类器，如Softmax分类器，用于生成每个类别的概率预测。

5. 训练和优化：为了使CNN能够准确地识别图像，需要通过反向传播算法来训练网络，调整网络中的权重和偏置。训练过程中，网络会不断学习减少预测错误，直到达到满意的准确率。

　　6. 前向传播：在训练完成后，新的图像数据可以通过前向传播过程在网络中得到识别。这是一个从输入图像到输出预测的单向流程，不需要再进行训练。

　　7. 模型保存与加载：训练好的模型可以被保存下来，以便在未来对新的数据进行预测时加载使用。

　　8. 框架支持：现代深度学习框架，如TensorFlow和PyTorch，提供了构建和训练CNN的工具和接口，使实现图像识别任务更加高效和便捷。

　　综上所述，CNN通过这些步骤能够有效地从图像中提取关键特征，并进行分类识别。这种方法对于图像的平移、缩放和旋转等变换具有不变性，非常适合图像识别任务。

12.3.2　在商业领域的应用

　　在商业领域，尤其是市场分析和战略规划方面，讯飞星火能够帮助企业洞察行业动态和消费者行为。以一家健康科技公司为例，该公司希望分析可穿戴设备在提升用户健康习惯方面的潜力。

> 🔟 公司的市场分析师输入查询指令：
>
> 　　可穿戴设备 健康习惯 影响

讯飞星火回复：

　　作为市场分析师，分析可穿戴设备在提升用户健康习惯方面的潜力时，您需要从多个角度综合研究。以下是根据市场研究报告、用户评价和产品评测提取的信息类型，以及如何利用这些信息进行全面分析的建议。

　　1. 市场趋势与需求分析：查看市场研究报告中可穿戴设备的市场增长趋势、用户群体统计、预测未来的发展方向等。分析不同年龄段、性别、地区和文化背景的用户对可穿戴设备的需求差异。

　　2. 用户行为与心理影响：通过用户评价了解哪些功能最受青睐，以及用户是否因使用这些设备而改变了健康习惯。考虑用户对设备的持续使用意愿，以及这种意愿背后的心理动机，如社交分享、自我成就感等。

　　3. 产品特性与效能：根据产品评测，分析设备的准确性、可靠性、易用性和用户体验等方面。评估各种健康监测功能，如心率监测、睡眠追踪等，在实际应用中的表现和准确性。

　　4. 健康习惯的形成与维持：研究设备是如何帮助用户形成新习惯的，如定时锻炼、合理饮食等。分析设备在帮助用户维持长期健康习惯上的效果，如通过定期提醒、目标设定等功能。

5. 用户反馈与产品改进：关注用户的投诉和建议，了解现有产品的不足之处及用户期望的功能或服务。分析产品迭代过程中如何针对用户反馈进行改进，并评估这些改进对用户健康习惯的影响。

6. 隐私与安全：从用户评价中提取关于数据隐私和安全性的关注点。分析如何在增强功能性的同时确保用户数据的安全和隐私保护。

7. 经济性与可及性：考虑成本因素，分析不同价格点的可穿戴设备在市场中的表现和用户接受度。研究价格与功能之间的平衡，以及这对普及率和用户改变健康习惯的潜在影响。

8. 医疗保健系统的影响：探索可穿戴设备与医疗保健系统的整合程度，以及这种整合对用户健康习惯的影响。分析医疗专业人士如何看待和使用这些设备的数据来辅助患者进行健康管理。

通过上述信息的深入分析，您可以得出有关可穿戴设备在提升用户健康习惯方面潜力的全面见解，为公司的产品开发、市场营销策略和业务决策提供支持。

🔟 **公司的市场分析师可以继续输入指令：**

如何提高可穿戴设备的用户黏性？

讯飞星火回复：

提高可穿戴设备的用户黏性是确保产品长期成功的关键。以下是一些策略，旨在增强用户的持续参与度和忠诚度。

1. 个性化体验：通过数据分析提供个性化的健康建议、锻炼计划和睡眠改善策略。允许用户定制设备设置、界面和提醒，以适应他们的个人喜好。

2. 社交互动：引入与家人、朋友或其他用户比较进度的社交功能。创建在线社区，鼓励用户分享经验、成就和健康习惯心得。

3. 目标设定与奖励机制：设计清晰的目标设定功能，帮助用户设立、追踪和实现健康目标。引入游戏化元素和奖励系统，如积分、徽章或挑战赛，以激励用户达成目标。

4. 持续的更新与改进：定期更新软件，增加新功能和改进现有功能，保持产品的新鲜感。根据用户反馈进行产品迭代，展示公司重视并响应用户需求的形象。

5. 健康教育与指导：提供有关健康、营养和运动的专业内容，增加用户对设备的信任和依赖。集成专业指导视频、教程或在线研讨会，帮助用户了解如何更有效地使用设备。

6. 无缝的跨设备体验：确保设备能够与其他智能设备（如手机、平板电脑）无缝连接，提供一致的使用体验。开发与其他应用程序的集成，如音乐播放、支付系统或智能家居控制。

7. 优质的客户服务：提供及时的客户支持和有用的资源来解决问题。设立热线电话、在线聊天或帮助中心，以便用户在遇到问题时可以快速获得帮助。

8. 数据的准确性与可信度：确保设备提供的数据准确可靠，因为用户信任度的基础是数据的真实性。与医疗专业人士合作验证功能的有效性，并在宣传中突出这一点。

9. 隐私保护：强化数据安全措施，保护用户隐私，明确说明数据如何被收集和使用。遵守相关法规，并向用户传达其信息受到严格保护的信息。

10. 价值主张与定位：清晰地界定产品的价值主张，确保用户了解他们为什么需要这个设备及它能为他们带来什么好处。将产品定位为日常生活中不可或缺的一部分，而不仅仅是一时的新奇物品。

通过实施上述策略，可穿戴设备制造商可以提高用户黏性，从而促进用户对产品的长期投入和使用。

12.3.3 在生活娱乐中的应用

在生活娱乐方面，讯飞星火能够根据用户的个性化需求提供定制化的信息检索服务。例如，一位摄影爱好者想要学习如何拍摄星空的相关知识。

> 💬 摄影爱好者输入查询指令：
>
> 星空拍摄技巧。

讯飞星火回复：
拍摄星空是一项既有趣又有挑战性的摄影活动。以下是一些基本的星空摄影技巧，可以帮助你开启拍摄之旅。

1. 选择合适的地点：选择一个光污染较少的地方，最好是远离城市灯光的地方。国家公园或乡村地区通常是理想的选择。

2. 选择合适的时间：新月期间是拍摄星空的最佳时机，因为月亮的光线会干扰星星的光芒。此外，选择一个晴朗的夜晚也很重要。

3. 使用三脚架：由于星空摄影需要长时间曝光，因此稳定性至关重要。使用三脚架可以保证相机稳定，避免拍摄过程中的抖动。

4. 设置相机：将相机设置为手动模式，以便你可以控制曝光时间、光圈和ISO。对于星空摄影，通常需要较长的曝光时间（几秒到几分钟），较大的光圈（如f/2.8或更大），以及较高的ISO（但要注意噪点）。

5. 对焦：将相机对焦设置为手动，并将焦点调整到无限远。部分相机允许你使用实时视图放大功能进行精确对焦。

6. 使用定时器或遥控器：为了避免在按下快门时引起相机震动，建议使用定时器或遥控器来控制快门。

7. 拍摄多张照片：由于星空会随着地球自转而移动，你可能需要拍摄多张照片并在后期进行堆栈合成，以获得没有星轨的清晰星空照片。

8. 后期处理：使用 Adobe Lightroom 或 Photoshop 等软件进行后期处理，可以调整曝光、对比度、颜色平衡等参数，并合成多张照片。

9. 实践和耐心：星空摄影需要实践和耐心。你可能需要多次尝试才能得到满意的结果。不要气馁，每次尝试都是学习和改进的机会。

10. 安全第一：在夜间外出拍摄时，注意个人安全和环境保护。确保你有足够的装备来保持温暖，并且不要独自前往偏远地区。

记住，星空摄影是一个学习和进步的过程，随着时间的推移，你将逐渐掌握更多的技巧和知识。享受这个过程，并分享你的作品，以便从社区中得到反馈和建议。

🔟 **摄影爱好者继续输入查询指令：**

如何在星空照片中加入星轨效果？

讯飞星火回复：

要在星空照片中加入星轨效果，可以通过长时间曝光或后期合成的方法来实现。具体步骤如下。

1. 长时间曝光：将相机固定在三脚架上，对准夜空中合适的角度。设置相机的曝光时间，通常从 15 分钟到数小时不等，具体取决于你想要的星轨长度和天空的亮度。在曝光期间，恒星会因地球自转而在照片上留下亮痕，从而形成星轨。

2. 后期合成：如果你不希望一次性进行长时间的曝光，可以选择多次短曝光的方法。拍摄多张同一角度的星空照片，然后在后期软件中将这些照片叠加合成一张图像，以形成连续的星轨效果。

此外，你还可以使用 Photoshop 等图像处理软件来模拟星轨效果。通过复制原始星空图层并对其进行微小的旋转，然后重复这一过程多次，可以制造出逼真的星轨效果。这种方法适合那些无法进行长时间曝光或多次拍摄的情况。

总的来说，无论是通过长时间曝光还是后期合成，都需要耐心和实践才能实现。记得在拍摄时保持相机稳定，并检查天气预报以确保有一个清晰的夜空。

专家点拨

技巧 01：关于 AI 搜索引擎的特点与优势

AI搜索引擎是利用人工智能技术，特别是自然语言处理和机器学习算法，来改善和增强传统搜索引擎功能的工具。它不仅能够理解用户的查询意图，还能提供更加精准和个性化的搜索结果。以下是一些AI搜索引擎的特点、优势及发展趋势。

1. 特点

（1）语义理解：AI搜索引擎能够理解用户的查询意图，而不仅仅是基于关键词的匹配。

（2）自然语言交互：用户可以用自然语言进行提问，AI搜索引擎能够解析并提供相应的答案。

（3）个性化推荐：根据用户的历史搜索行为和偏好，AI搜索引擎可以提供个性化的搜索结果和推荐。

（4）多轮对话：支持与用户的多轮对话，通过连续的互动来精确捕捉用户的搜索需求。

（5）信息整合：AI搜索引擎能够整合不同来源的信息，提供综合的答案和报告。

2. 优势

（1）提高搜索效率：通过语义理解和个性化推荐，AI搜索引擎可以快速提供用户所需的信息，减少筛选时间。

（2）减少无效信息：AI搜索引擎可以过滤无关的广告和低质量内容，直接展示对用户有参考价值的结果。

（3）增强用户体验：自然语言的交互方式和多轮对话能力使搜索过程更加直观和友好。

（4）信息的丰富性和深度：AI搜索引擎能够提供更丰富和深入的信息，包括图表、摘要和详细的解释。

3. 发展趋势

AI搜索引擎正朝着更加智能化、个性化和多模态化的方向发展。未来的AI搜索引擎可能会集成图像、声音等多种输入方式，提供更加丰富的搜索体验。同时，随着技术的进步，AI搜索引擎在处理大规模数据、保护用户隐私和提供高质量内容方面将有更大的突破。

技巧 02：展望讯飞星火发展方向

展望讯飞星火未来的发展方向，可以预见其将继续在人工智能领域取得重要进展，具体分析如下。

（1）持续对标国际最先进水平：讯飞星火将不断通过算法研究和技术创新，保持竞争力，提升性能表现，这将包括更新技术架构、采用最新神经网络设计和训练方法，以提高处理速度、准确性和智能水平，确保其在通用大模型的底层能力上能够与国际上的最先进水平相匹敌。

（2）实现自主可控：鉴于国际政治和技术环境的变化，讯飞星火将加强自主技术的研发，致力于实现大模型的自主可控，这包括自主研发关键算法、数据处理技术和安全机制，确保大模型的稳定性和安全性，减少对外部技术的依赖。

（3）提升核心能力：讯飞星火将重点优化和提升核心能力，尤其是数学推理、自然语言理解和语音交互方面。通过深度学习和大数据分析，提供更精准的查询理解和更自然的交互体验，未来还可能开发新功能，如图像识别和多模态交互，以满足用户需求。

讯飞星火的未来发展将是一个全方位的过程，不仅包括技术上的进步，还包括对国际环境变化的应对，以及核心能力的持续提升。随着技术的不断进步和应用的不断拓展，讯飞星火有望在人工智能领域保持领先地位，并在人机交互革命中发挥重要作用。

本章小结

通过本章的学习，我们了解到讯飞星火作为一种新型的信息检索工具，在数据来源、处理方式、语义理解和个性化服务等方面与传统搜索引擎相比具有显著的优势。我们掌握了多种搜索技巧，包括关键词优化、精确匹配、特定网站和时间段的搜索、逻辑运算符的使用、模糊搜索、特定文件类型的查找、高级搜索功能的应用、特殊语法和操作符的利用，以及多搜索引擎的综合使用。这些技巧极大地提高了我们在信息海洋中检索所需内容的效率和准确性。同时，讯飞星火在各个领域的应用案例也进一步证明了其强大的实用价值。